C/C++
技术丛书

C指针原理揭秘

基于底层实现机制

Theory of C Pointer
Core Implementation Mechanism

刘兴 编著

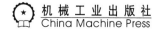

机械工业出版社
China Machine Press

图书在版编目（CIP）数据

C 指针原理揭秘：基于底层实现机制 / 刘兴编著 . —北京：机械工业出版社，2019.5
（C/C++ 技术丛书）

ISBN 978-7-111-62683-1

I. C… II. 刘… III. C 语言 - 程序设计 IV. TP312.8

中国版本图书馆 CIP 数据核字（2019）第 083514 号

　　指针是 C 语言中广泛使用的一种数据类型，是 C 语言中功能强大而又让人迷惑的亮点，运用指针编程是 C 语言最主要的风格之一。本书力求从底层实现机制进行解析，同时配合 C/C++ 编程技巧以及某些指针运用技巧，讲解如何提高程序效能，如何避免滥用指针。全书分为准备篇、基础篇和进阶篇。准备篇介绍 C 语言、开发环境搭建以及 AT&T 汇编；基础篇对指针基础及 C 开发基础进行介绍；进阶篇讲述 C 开发技巧、C 并行与网络基础等高级主题。

C 指针原理揭秘：基于底层实现机制

出版发行：机械工业出版社（北京市西城区百万庄大街 22 号　邮政编码：100037）

责任编辑：冯秀泳　　　　　　　　　　　　责任校对：殷　虹

印　　刷：北京诚信伟业印刷有限公司　　　版　　次：2019 年 5 月第 1 版第 1 次印刷

开　　本：186mm×240mm　1/16　　　　　印　　张：16.5

书　　号：ISBN 978-7-111-62683-1　　　　定　　价：69.00 元

凡购本书，如有缺页、倒页、脱页，由本社发行部调换

客服热线：（010）88379426　88361066　　　投稿热线：（010）88379604

购书热线：（010）68326294　　　　　　　　读者信箱：hzit@hzbook.com

为什么要写这本书

C 语言是一种计算机程序设计语言，它既具有高级语言的特点，又具有汇编语言的特点。它由美国贝尔实验室的 D. M. Ritchie 于 1972 年推出。1978 年后，C 语言已先后被移植到大、中、小及微型机上。它可以作为工作系统设计语言，编写系统应用程序；也可以作为应用程序设计语言，编写不依赖计算机硬件的应用程序。它的应用范围广泛，适用于系统软件开发及嵌入式开发领域，具备很强的数据处理能力，不仅仅是在软件开发上，在各类科研中也都需要用到 C 语言。

指针是 C 语言中广泛使用的一种数据类型，是 C 语言中功能强大而又让人迷惑的亮点，运用指针编程是 C 语言最主要的风格之一。作为一把双刃剑，C 指针让 C 语言成了能编写操作系统的接近硬件层的语言，能让编程者实现很多其他语言实现不了的功能；但是有时编程者也会感到无所适从，因为稍有不慎，就将造成内存泄漏、指针越界、指针类型错误等异常情况。而汇编中间码揭示了内存如何分配和使用、翻译形成的底层语言如何工作等，通过分析汇编中间码，揭开隐藏在 C 语言背后的秘密，剖析"C 指针作为内存里的一个地址"这一事实。

C 指针本质及其实现机制非常重要，为了让编程者更好地掌握这把"双刃剑"，本书从指针基础讲解入手，由浅入深，最后分析了汇编及底层语言，全面剖析了 C 指针。

读者对象

❑ 程序员。C/C++ 程序员能在充分理解 C 指针以及指针实现机制的基础上，开发软件系统的中间件、核心库，评估内存占用、运行效率、突发异常、程序后门等情况，提高软件质量，增加可移植性，进行编译优化；而对占用 CPU 时间较多的代码可用汇编语言代替，提高软件运行速度。在受限环境（嵌入开发、并行计算、冗余系统等）下，正确使用 C 指针以及评估软件运行质量，能促使编写的代码更稳定、更安全、更高效。脚本语言程序员也能从 C 指针中收获很多，Python、Perl 等脚本语言都能与 C/C++ 混合编程。

❏ 架构师。指针是 C/C++ 语言的基石，任何复杂的算法和大型甚至云计算软件系统都是基于这些基石构造的，只有掌握好系统的底层，才能提高系统整体运行效率。架构师在理解 C/C++ 指针以及实现机制的基础上，能根据软件运行环境定制适合软件需求的架构，每种软件架构在内存分配、程序运行等方面都有自己的使用策略。目前，随着大数据时代的来临，云计算平台发展很快，C/C++ 语言编程质量的改进能提高云计算中单机的运行效率和稳定性，能优化数据在云计算网络的传输效率。

❏ 算法工程师。近年来，随着国内计算机行业的发展，数据挖掘、机器学习、算法工程、云计算、编译工程、芯片工程等新生事物相继出现，这些以前仅在高校和科研院所研究的技术需要算法工程师的努力才能成为现实，而掌握诸如指针等编程知识是实现算法的基础。

如何阅读本书

全书分为准备篇、基础篇、进阶篇。指针及相关内容是编程语言中较难理解的部分，脚本语言稍好些，C/C++ 语言中会更加明显。虽然理解指针本身并不复杂，但指针之间的组合以及指针的灵活运用却存在不同的技巧，不同的组合能产生不同的效果，也有着不同的作用。本书力求从底层实现机制进行解析，同时配合 C/C++ 编程技巧以及某些指针运用技巧，讲解如何提高程序效能，如何避免滥用指针。

本书首先从在 C 语言编程的角度讲解 C 指针，力图使读者学会运用 C 指针进行开发，并能进一步灵活将指针运用在精巧的算法上，构造更复杂的软件系统。

接着，对 C 语言标准进行讲述。C 语言属于高级语言，广泛采用的有 C89 和 C99 这两个主要标准。C89 于 1989 年以 ANSI X3.159—1989 "Programming Language C" 名称发布生效，这个版本的语言经常被称作 ANSI C，或 C89；C99 在 C89 的基础上新增了一些特性，作为 C 语言官方标准的第 2 版，于 1999 年以 ISO/IEC 9899:1999 "Programming Language-C" 名称发布生效，并于 2000 年 3 月被 ANSI 采纳。

最后，对编译器的实现原理进行解读。编译器对 C 语言进行编译，编译后形成可执行文件，针对 C/C++ 语言以编译的形式执行（TCC 等提供了一种解释执行 C 脚本的方式，但其原理和编译执行差不多）的情况，重点从编译器生成的汇编中间码对指针进行剖析。

勘误和支持

由于作者的水平有限，编写的时间也很仓促，书中难免会出现一些错误或者不准确的地方，恳请读者批评指正。你在遇到任何问题或有更多的宝贵意见时，欢迎发送邮件至我的邮箱 liu.xing.8@foxmail.com，很期待能够听到你的真挚反馈。此外，本书的代码及相关资源请在网盘（网盘地址：https://dwz.cn/uo3gCxWK，提取码：457a）下载，本书读者 QQ 群为834755376。

致谢

在此，我衷心感谢机械工业出版社华章公司编辑杨福川老师和策划编辑杨绣国老师，由于他们的魄力和远见，让我顺利地完成了全部书稿。

谨以此书献给热爱 C 语言的朋友。

刘兴

中国，湖南

目 录 *Contents*

准　备　篇

我仍然爱着C语言。如此简单，如此强大。

——Java之父　詹姆斯·高斯林
（James Gosling）

C 语言概述

C 语言是一种通用的、过程式的编程语言，其广泛应用于系统与应用软件的开发，具有高效、灵活、功能丰富、表达力强和可移植性强等特点，是最近 20 多年使用最为广泛的编程语言。C 语言是由美国的丹尼斯·里奇（Dennis M. Ritchie）于 1969 年至 1973 年以 B 语言为基础在贝尔实验室开发完成的。

1978 年之后，C 语言先后被移植到各种大、中、小型机及微型机上，它既可以作为工作系统设计语言编写系统应用程序，也可以作为应用程序设计语言编写不依赖计算机硬件的应用程序。目前，C 语言的编译器支持各种不同的操作系统，如 UNIX、Windows、Linux 等。C 语言的设计也在很大程度上影响了后来的编程语言，例如 C++、Objective-C、Java、C# 等。

1.1　C 语言的起源与发展

C 语言的发展历史颇为有趣，它的原型是 ALGOL 60。1963 年，剑桥大学将 ALGOL 60 发展成为 CPL（Combined Programming Language）；1967 年，剑桥大学的 Matin Richards 对 CPL 进行了简化，于是产生了 BCPL；1970 年，美国贝尔实验室的 Ken Thompson 对 BCPL 进行了修改，改名为 B 语言，同时用 B 语言编写了第一个 UNIX 操作系统；1973 年，美国贝尔实验室的丹尼斯·里奇在 B 语言的基础上最终设计出了一种新的语言，他选取 BCPL 的第二个字母作为这种语言的名字，即 C 语言，丹尼斯·里奇因此被世人称为" C 语言之父"。

为了推广 UNIX 操作系统，1977 年，丹尼斯·里奇发表了《可移植的 C 语言编译程序》，1978 年，布莱恩·克尼汉（Brian W. Kernighian）和丹尼斯·里奇出版了名著《The C Programming Language》，使 C 语言迅速成为世界上流行最广的高级程序设计语言，K&R C 也因此确定了其事实性标准的历史地位。

随着微型计算机的日益普及，不同种 C 语言之间出现了不一致的问题，这一点为 C 语言的广泛应用带来了不便。1989 年，美国国家标准局（ANSI）颁布了第一个官方的 C 语言标准（X3.159-1989），简称 ANSI C 或 C89；1990 年，C89 被国际标准化组织（ISO）采用为国际标准（ISO/IEC9899:1990），简称为 C90，这是目前广泛使用并完全支持的标准。

1999 年，国际标准组织为 C 语言发布了新的标准 ISO/IEC 9899:1999，修正了 C89 标准中的一些细节，并增加了更多更广的国际字符集支持，这个标准通常被称为 C99，ANSI 于 2000 年 3 月采用 C99。

2011 年 12 月 8 日，ISO 正式发布了 C 语言的新标准 C11，之前被称为 C1X，官方名称为 ISO/IEC 9899:2011，新的标准提高了对 C++（1983 年由贝尔实验室的 Bjarne Stroustrup 推出，C++ 进一步扩充和完善了 C 语言，成为面向对象的程序设计语言）的兼容性，并增加了很多新的特性。

1.2　C 语言特性

2011 年 10 月 9 日，丹尼斯·里奇去世，享年 70 岁，Java 之父詹姆斯·高斯林（James Gosling）为此发表了纪念 C 语言之父丹尼斯·里奇的简短博文：“丹尼斯·里奇辞世的新闻如五雷轰顶，过去几天已经有很多资讯在报道此事，他的影响巨大，并超越了科技世界，虽然他的巨大影响可能不为人知，但完全可以感受到的是，C 语言撑起了一切。我的整个职业生涯也是从 C 语言和 UNIX 中发展而来的。”全世界的计算机爱好者都以他们特有的方式纪念这位编程语言的重要奠基人，很多人在众多的国际交互论坛中发帖悼念 C 语言之父，全帖仅仅只用一个分号“；”（在 C 语言中，分号标志着一行指令语句的结束）形象地表达了人们的怀念之情。

C 语言之父悄然离去，但 C 语言并没有因此衰退，近年来它仍然是世界主流的编程语言之一。在 2019 年 3 月的 TIOBE 编程语言排行榜中（如图 1-1 所示），C 语言仍处于第 2 位，并呈现上升势头。

C 语言主要有以下特性：

1）设计目标接近机器底层但不失跨平台性。C 语言提供了许多低级处理的功能，可搭配汇编语言来使用，著名的 C 编译器 GCC（UNIX 下常用的是 CC）保持着良好的跨平台的特性，以一个标准规格写出的 C 语言程序通过 GCC(或 CC) 可在许多计算机平台上进行编译，甚至包含嵌入式环境以及大型机平台。

2）C 语言编译生成的可执行文件短小精悍。C 语言能以简易的方式进行编译，可直接处理低级存储器，仅产生少量的机器码，并且不需要任何运行环境的支持便能运行。

3）C 语言虽简单但功能强大。C 语言仅有 32 个保留字符，使用传统的结构化设计，变量具有作用域、递归等优秀功能，编译预处理使得编译更具弹性，传递参数灵活，可采用值传递和指针传递两种方式，不同的变量类型可用结构体（struct）组合在一起；此外，C 指针很容易就能对存储器进行低级控制。

Mar 2019	Mar 2018	Change	Programming Language	Ratings	Change
1	1		Java	14.880%	-0.06%
2	2		C	13.305%	+0.55%
3	4	^	Python	8.262%	+2.39%
4	3	v	C++	8.126%	+1.67%
5	6	^	Visual Basic .NET	6.429%	+2.34%
6	5	v	C#	3.267%	-1.80%
7	8	^	JavaScript	2.426%	-1.49%
8	7	v	PHP	2.420%	-1.59%
9	10	^	SQL	1.926%	-0.76%
10	14	⌃⌃	Objective-C	1.681%	-0.09%

图 1-1 2019 年 3 月 TIOBE 编程语言排行榜

1.3 开发环境搭建

下面以"helloworld"C 程序（非 GUI 程序，运行在 Windows 的控制台和 UNIX/Linux 系统的终端）为例，讲解 Windows、类 UNIX/Linux 平台下的开发环境搭建（本书将以 UNIX/Linux 平台为主，对 C 指针及其应用进行讲解）。

1.3.1 Windows 开发环境

1. Microsoft Visual Studio

Microsoft Visual Studio（简称 VS）是美国微软公司的开发工具包系列产品。VS 是一个基本完整的开发工具集，它包括了整个软件生命周期中所需要的大部分工具，如 UML 工具、代码管控工具、集成开发环境（IDE）等。所写的目标代码适用于微软支持的所有平台，包括 Microsoft Windows、Windows Mobile、Windows CE、.NET Framework、.NET Compact Framework、Microsoft Silverlight 及 Windows Phone。

微软公司提供了可供免费使用的 Visual Studio Community 2015（其具备所有为 Windows、iOS、Android 设备或是云服务器开发桌面、移动、网页应用的全套功能）。读者可通过 Microsoft 的网站下载 Visual Studio Community 2015（下载地址为：https://visualstudio.microsoft.com/zh-hans/vs/older-downloads/），加载 ISO 映射文件后再进行安装。安装完毕后再启动 Visual Studio Community 2015，选择"Visual C++"项目中的"Win32 控制台应用程序"（如图 1-2 所示）。

图 1-2　Win32 控制台应用程序建立

单击"确定"按钮，出现向导对话框，选中"附加选项"区域的"空项目"之后，单击"完成"按钮（如图 1-3 所示）。

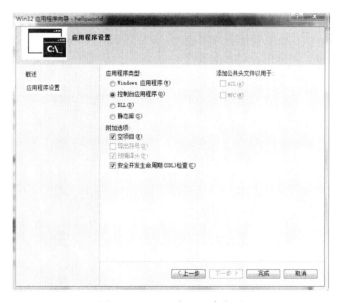

图 1-3　Win32 应用程序向导

由于刚才建立项目时选择了"空项目"，因此需要增加 C 源代码文件，在源文件处点击鼠标右键，选择"添加"→"新建项"（如图 1-4 所示），输入源代码文件名"main.c"（如图 1-5 所示）。

图 1-4　增加 C 源代码文件

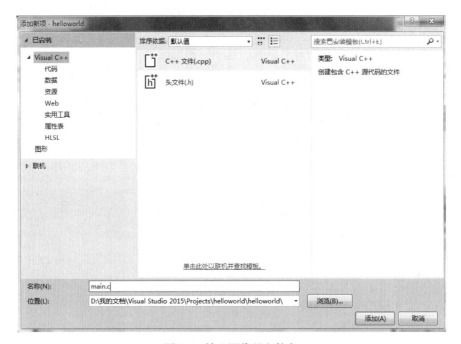

图 1-5　输入源代码文件名

在屏幕的左边输入"helloworld"的 C 语言代码（如图 1-6 所示）。

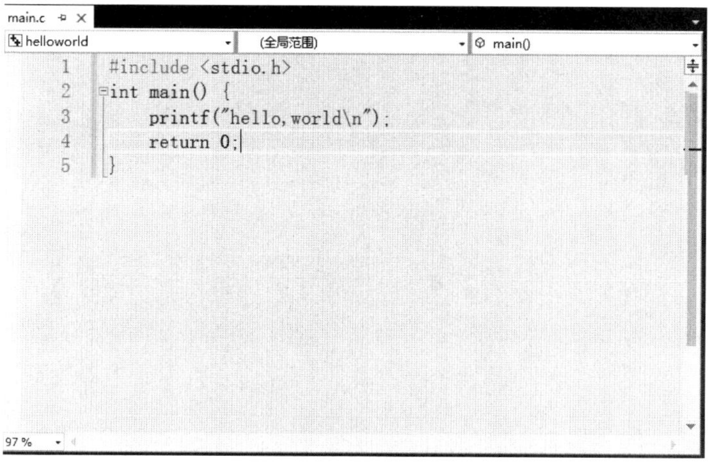

图 1-6 "helloworld" C 语言源代码

选择"调试"菜单的"开始执行"（如图 1-7 所示）。

图 1-7 执行"helloworld"程序

程序经过编译后，执行效果如图 1-8 所示。

2. Code::Blocks

Code::Blocks 是一个开放源码的、全功能的跨平台 C/C++ 集成开发环境，它由 C++ 语言开发完成，使用了著名的图形界面库 wxWidgets。相比 Visual Studio 而言，Code::Blocks 是跨越平台的 C/C++IDE，支持 Windows、Linux、Mac OS X 平台，最重要的是它遵守 GPL 开源协议，Windows 用户可以使用它免费编译 Win 应用程序以及跨平台的应用程序，而无须依赖于 Visual Studio。

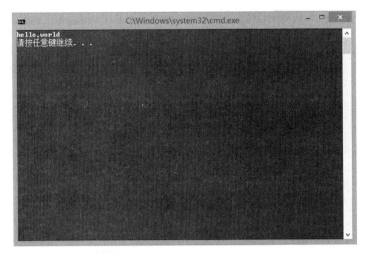

图 1-8 "helloworld"程序执行效果

Code::Blocks 提供了许多工程模板，包括控制台应用、DirectX 应用、动态链接库、FLTK 应用、GLFW 应用、Irrlicht 工程、OGRE 应用、OpenGL 应用、QT 应用、SDCC 应用、SDL 应用、SmartWin 应用、静态库、Win32 GUI 应用、wxWidgets 应用、wxSmith 工程等；它支持语法彩色醒目显示，支持代码自动补全，支持工程管理以及项目构建、调试；此外，它还支持插件、代码分析器、编译器的选择，同时还拥有灵活而强大的配置功能。

Code::Blocks 的下载地址为 http://www.codeblocks.org/downloads，Windows 平台下建议下载 codeblocks-13.12mingw-setup.exe 安装文件，因为该安装文件不仅包括 Code::Blocks 本身，还将含有开源免费的 mingw 编译器。下载安装好 Code::Blocks 之后，启动它，启动过程中会显示它的 logo（如图 1-9 所示）。

图 1-9 Code::Blocks 启动界面

启动 Code::Blocks 之后，选择"New"→"Project"，新建项目（如图 1-10 所示）。在项目模板中选择"Console application"（控制台程序），如图 1-11 所示。

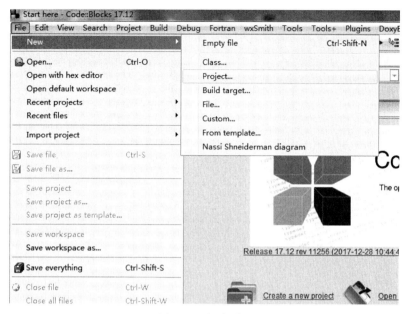

图 1-10 新建项目

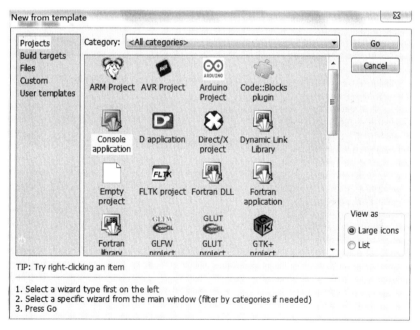

图 1-11 控制台程序

选择 C 语言为开发语言，如图 1-12 所示。

输入项目名称"helloworld"，同时选择项目所在的目录（如图 1-13 所示）。

图 1-12 选择 C 语言

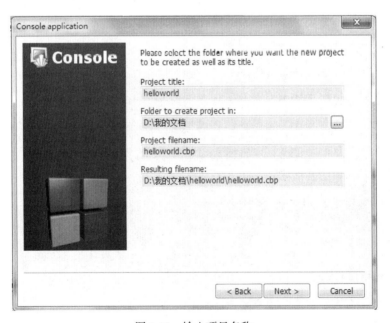

图 1-13 输入项目名称

单击"Finish"按钮,完成项目创建(如图 1-14 所示)。

展开左边的项目树状图(如图 1-15 所示),项目模板在" main.c"中自动产生了 "helloworld"的源代码。

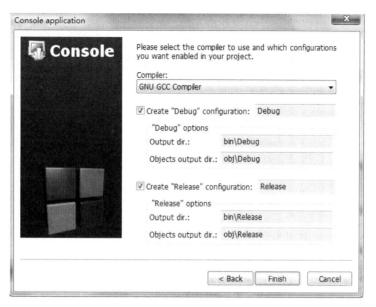

图 1-14　控制台项目创建完成

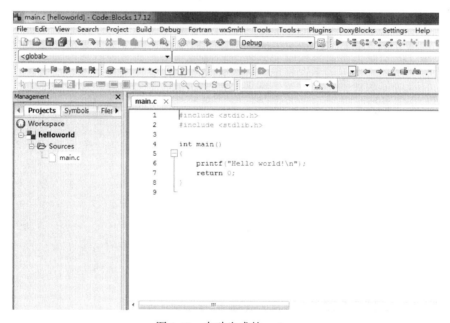

图 1-15　自动生成的 main.c

将源代码中的"Hello world!"字符串更改为中文的"您好，世界!"（如图 1-16 所示）。

最后，选择"Build"菜单的"Build and run"选项，编译后（如图 1-17 和图 1-18 所示），运行程序（如图 1-19 所示）。

图 1-16 "您好，世界"源代码

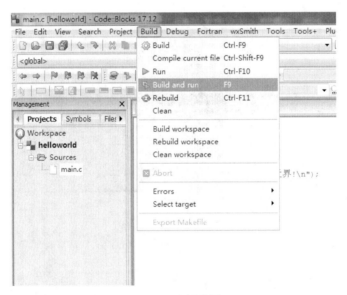

图 1-17 选择编译

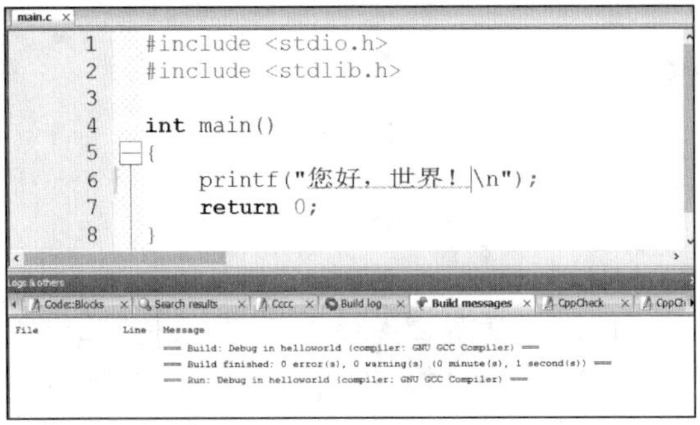

图 1-18 进行编译

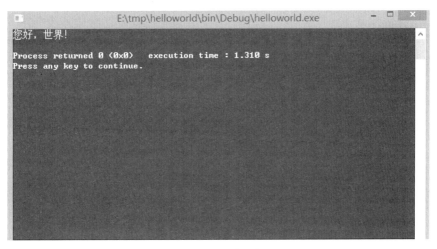

图 1-19　程序运行

1.3.2　UNIX/Linux 开发环境

目前，除了 Windows 系统，最流行的操作系统就是 UNIX 和 Linux 了，下面分别以这两个系统的经典代表——FreeBSD（世界上最稳定的类 UNIX 系统，基于 UNIX 的衍生系统 BSD）与 Ubuntu（最好用的 Linux 系统之一）为例，讲解 C 语言开发环境的部署。

1. Ubuntu 开发环境

Ubuntu 基于 Debian 发布版和 GNOME 桌面环境创建，是开源且免费的 Linux 系统，它分为桌面版和服务器版，其目标在于为用户提供一个最新的同时又相当稳定的、主要由自由软件构建而成的操作系统。Ubuntu 系统既可安装在全新的电脑上，也可以与 Windows 操作系统并存，还可以安装在虚拟机中。下面以 VisualBox 虚拟机中运行的 Ubuntu 服务器版为例进行讲解。

1）在 VisualBox 虚拟机中新建 Ubuntu 的虚拟电脑。新建虚拟电脑，将内存设置为512MB 或以上（如图 1-20 所示），创建 4GB 或 4GB 以上的虚拟硬盘（如图 1-21、图 1-22和图 1-23 所示）。

2）下载 Ubuntu 服务器版。服务器版针对服务器应用对内核做了优化，同时，对虚拟机的资源要求更少，其运行速度相对于桌面版更快，因此应选择服务器版作为学习 C 语言以及 C 指针的平台。从官网链接（http://www.ubuntu.org.cn/download/server）下载 Ubuntu的服务器版（12.04 版）映像文件（如图 1-24 所示）。

3）安装 Ubuntu。首先，单击"设备"→"分配光驱"，选择一个虚拟光盘，在打开的文件菜单中选择启动光盘的映像文件（从官网上下载的服务器 12.04 版 ISO 文件）；然后，启动虚拟机，选择"English"语言作为系统语言（如图 1-25 所示）。

图 1-20　设置内存大小

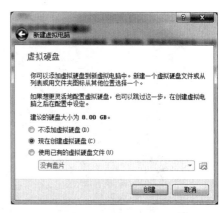

图 1-21　创建虚拟硬盘

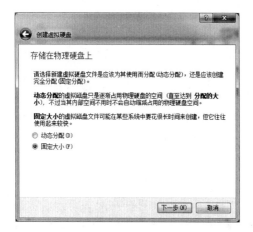

图 1-22　选择虚拟硬盘大小的指定方式

图 1-23　指定虚拟硬盘大小

图 1-24　下载 Ubuntu 的服务器版

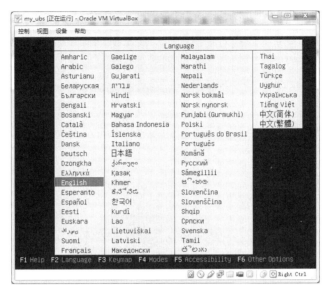

图1-25 选择系统语言

接着，选择"Install Ubuntu Server"（如图1-26所示）。

图1-26 安装服务器版

选择 English 作为安装语言（如图1-27所示），选择"United States"区域（如图1-28所示），随后配置键盘选项（如图1-29和图1-30、图1-31所示）。

按系统提示输入 hostname（主机名，可以输入任意英文名字）后，再输入安装初始化时需要自动创建的用户名和密码（如图 1-32、图 1-33 和图 1-34 所示，笔者输入的用户名为 myhaspl，系统登录需要输入用户名全称、用户名及用户密码）。输入的用户密码需要验证（如图 1-35 所示）。

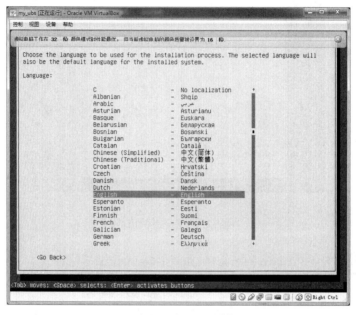

图 1-27　选择安装语言

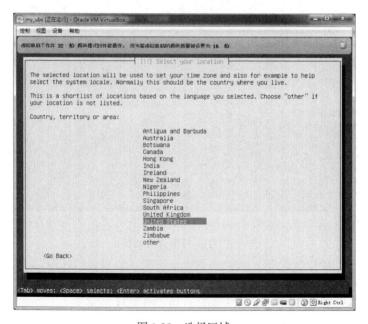

图 1-28　选择区域

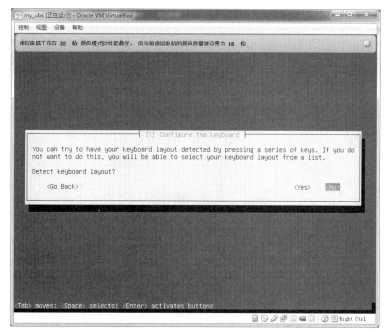

图 1-29　键盘配置（一）

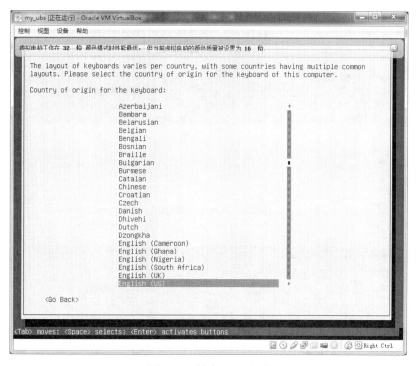

图 1-30　键盘配置（二）

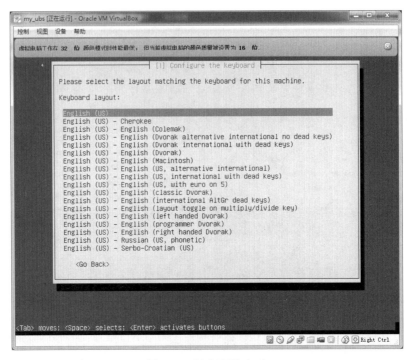

图 1-31 键盘配置（三）

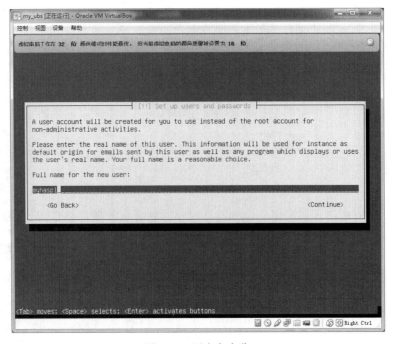

图 1-32 用户名全称

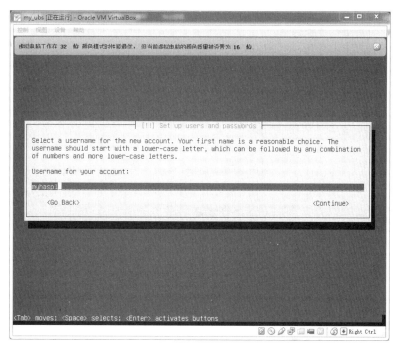

图 1-33　登录用户名

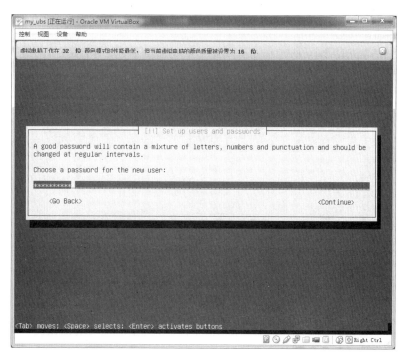

图 1-34　输入登录用户密码

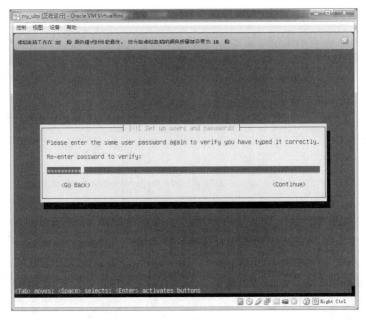

图 1-35　验证刚才输入的用户密码

完成以上基本安装配置之后，安装程序提示是否加密主目录（如图 1-36 所示）。作为学习 C 语言的 Linux 平台无须加密，选择 NO，然后安装程序显示硬盘分区方案，连续按回车键接受磁盘的默认分区（如图 1-37 和图 1-38 所示）。

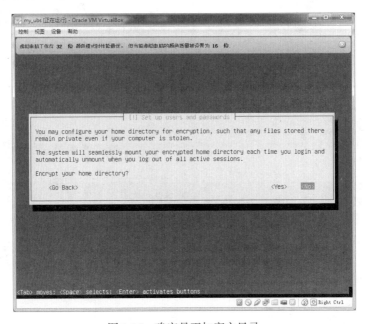

图 1-36　确定是否加密主目录

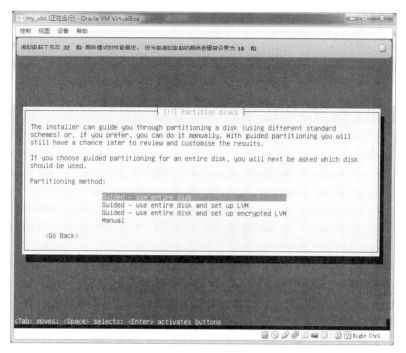

图 1-37　默认选择虚拟磁盘的所有空间

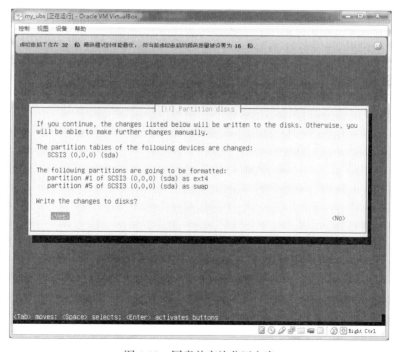

图 1-38　同意并实施分区方案

在接下来的几个选项中，按回车键接受默认选项，当提示选择默认安装软件时，勾选第一项（OpenSSH server）（如图 1-39 所示），以便随后使用 SSH 客户端进行登录。

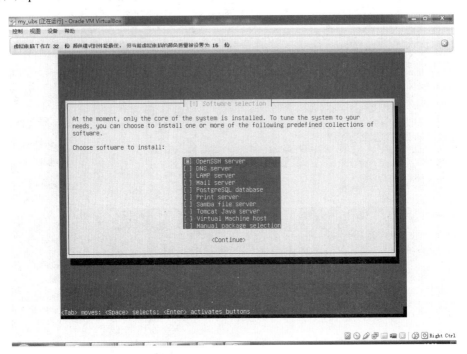

图 1-39　默认安装软件

安装完毕后，重新启动，Ubuntu 提示登录界面，系统安装完毕。

4）配置虚拟机的网络设备，连接互联网，虚拟电脑设置中将网卡 1 设置为桥接方式（如图 1-40 所示）。

图 1-40　桥接方式

5）使用刚才安装时建立的用户名和密码登录后，通过 passwd 命令设置 root 密码（如图 1-41 所示），然后通过 ifconfig 命令查看虚拟机自动获取的 IP 地址（图 1-42 中 inet addr 处表明当前分配的 IP 为 192.168.1.239）。

```
myhaspl@myhaspl: $ sudo passwd root
Enter new UNIX password:
Retype new UNIX password:
passwd: password updated successfully
```

图 1-41　root 密码

```
myhaspl@myhaspl:~$ ifconfig
eth0      Link encap:Ethernet  HWaddr 08:00:27:74:60:b2
          inet addr:192.168.1.239  Bcast:192.168.1.255  Mask:255.255.255.0
          inet6 addr: fe80::a00:27ff:fe74:60b2/64 Scope:Link
          UP BROADCAST RUNNING MULTICAST  MTU:1500  Metric:1
```

图 1-42　IP 地址

6）使用 putty 登录虚拟机，然后部署学习本书所需要的 C 语言开发环境。

首先，登录虚拟机（如图 1-43 和图 1-44 所示）。

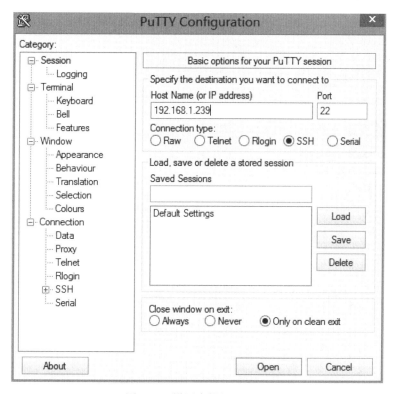

图 1-43　设置虚拟机 IP 地址

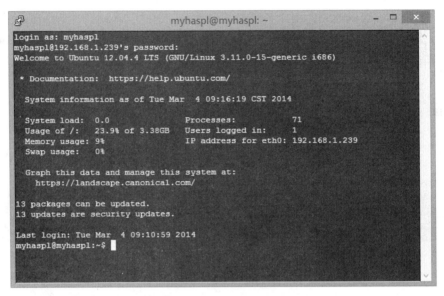

图 1-44　虚拟机登录成功

然后，设置超级用户 root 密码，命令如下：

```
$ sudo passwd root
[sudo] password for myhaspl:
Enter new UNIX password:
Retype new UNIX password:
passwd: password updated successfully
```

接下来，安装 GCC 编译器与 gdb 调试器，命令如下：

```
$ sudo apt-get install gcc
$ sudo apt-get install make
$ sudo apt-get install gdb
```

2. FreeBSD 开发环境

1）在虚拟机中安装 FreeBSD。首先，新建 FreeBSD 虚拟电脑（如图 1-45 所示）。

2）指定虚拟电脑的光驱为 FreeBSD 安装 ISO 文件后，启动虚拟电脑，出现如图 1-46 所示的起始界面，选择" Install"按钮。

3）输入主机名（如图 1-47 所示）。

4）选择安装组件，在这里选择全部安装，最后一项的 src 是源码，可以不选择

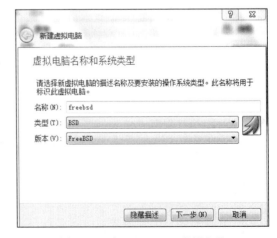

图 1-45　建立 FreeBSD 虚拟电脑

（如图 1-48 所示）。

图 1-46 安装起始界面

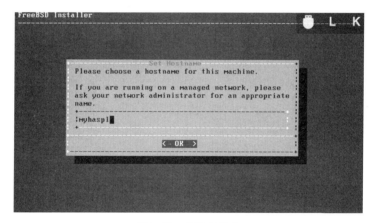

图 1-47 主机名输入

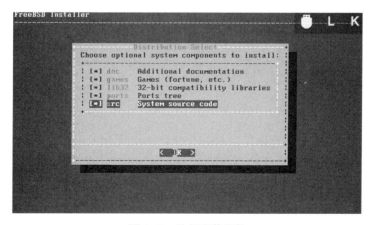

图 1-48 选择安装组件

5）进行硬盘分区（如图 1-49、图 1-50 和图 1-51 所示）。

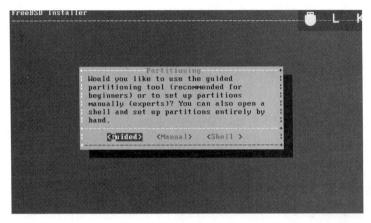

图 1-49　硬盘分区使用向导

图 1-50　使用所有硬盘

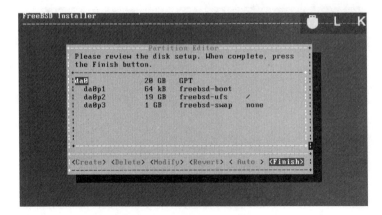

图 1-51　硬盘分区方案

6）安装程序开始进行系统安装（如图 1-52 所示）。

FreeBSD Installer
Checksum Verification
base.txz [Passed]
kernel.txz [In Progress]
doc.txz [Pending]
games.txz [Pending]
lib32.txz [Pending]
ports.txz [Pending]
src.txz [Pending]
Verifying checksums of selected distributions.
Overall Progress
14%

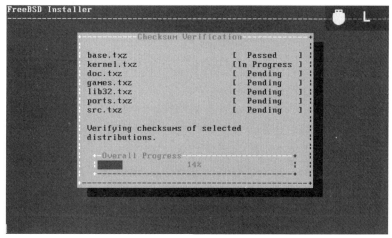

图 1-52 系统安装

7）安装完毕后，进行最后的配置。

先设置 root 账号的密码，接下来会提示你是否要增加一个普通用户，输入普通用户名及密码，以便在安装完成后作为 SSH 登录用户使用。输入完毕后，会出现如图 1-53 所示的提示界面，键入"yes"以确认刚才输入的信息，系统提示是否还要增加一个用户，输入"no"。

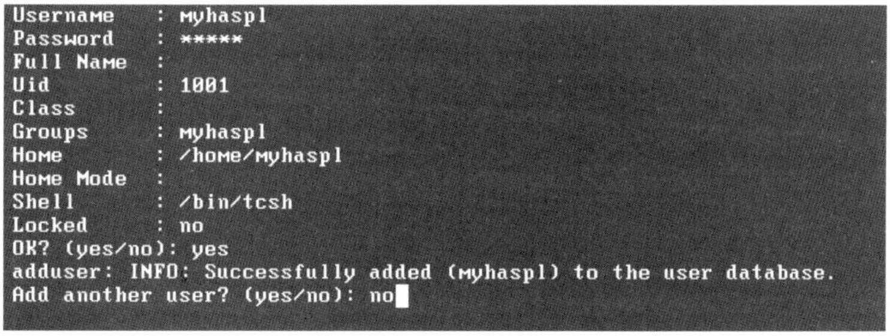

Username : myhaspl
Password : *****
Full Name :
Uid : 1001
Class :
Groups : myhaspl
Home : /home/myhaspl
Home Mode :
Shell : /bin/tcsh
Locked : no
OK? (yes/no): yes
adduser: INFO: Successfully added (myhaspl) to the user database.
Add another user? (yes/no): no

图 1-53 增加普通用户

然后，选择 exit，系统将提示是否需要手动配置（如图 1-54 所示），选择"no"，然后选择"Reboot"重启虚拟电脑（如图 1-55 所示）。

8）重新启动虚拟机后，安装 GCC。

系统重新启动后会出现如图 1-56 所示的界面。

使用 root 用户名登录，然后输入密码。成功登录后，会有提示符 # 出现（如图 1-57 所示）。

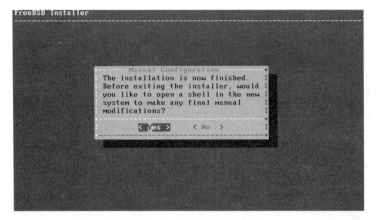

图 1-54 无须手动配置

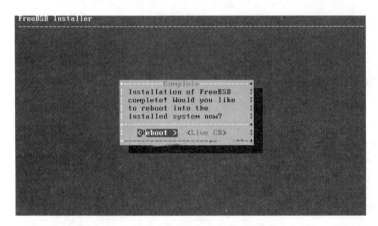

图 1-55 选择 Reboot 重启虚拟机

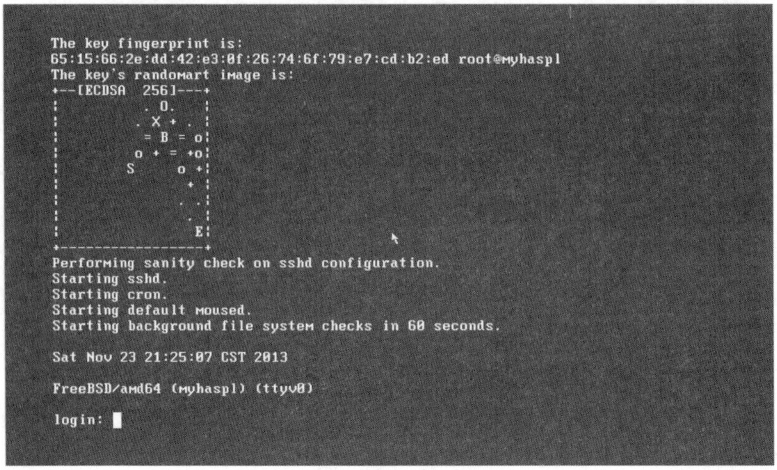

图 1-56 系统启动界面

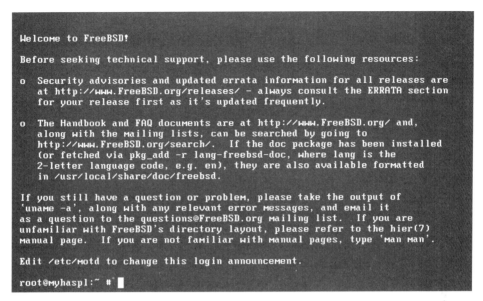

图 1-57　登录成功

安装 GCC，先在 # 提示符下输入" sysinstall"，依次选择 Configure（如图 1-58 所示）→ "Packages"（如图 1-59 所示）→ "CD/DVD"（如图 1-60 所示）→ "All"如（如图 1-61所示）→ "gcc-4.6.3"（如图 1-62 所示）后，点击"OK"后选择"Install"（如图 1-63 所示）。

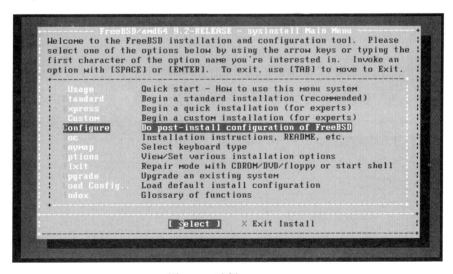

图 1-58　选择 Configure

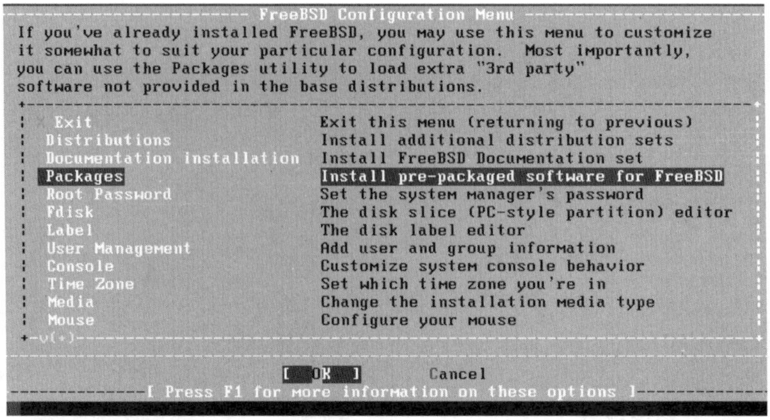

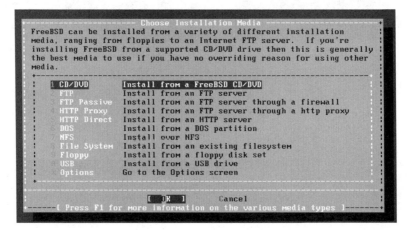

图 1-59　选择 Packages

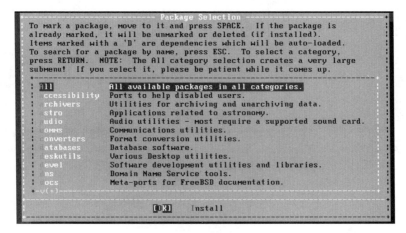

图 1-60　选择 CD/DVD

图 1-61　选择 All

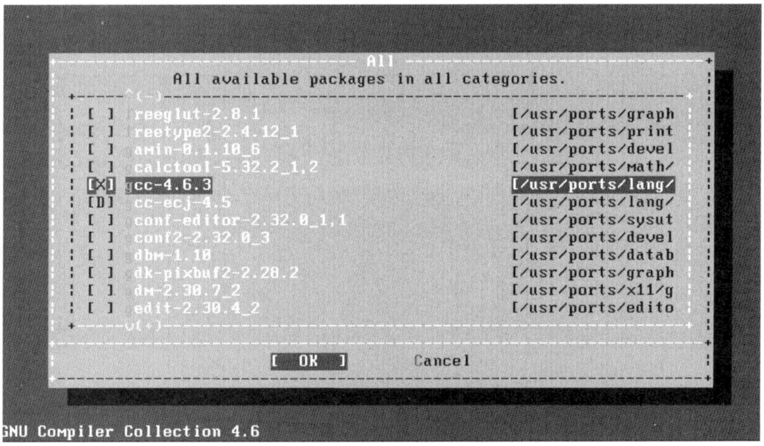

图 1-62　选择 gcc-4.6.3

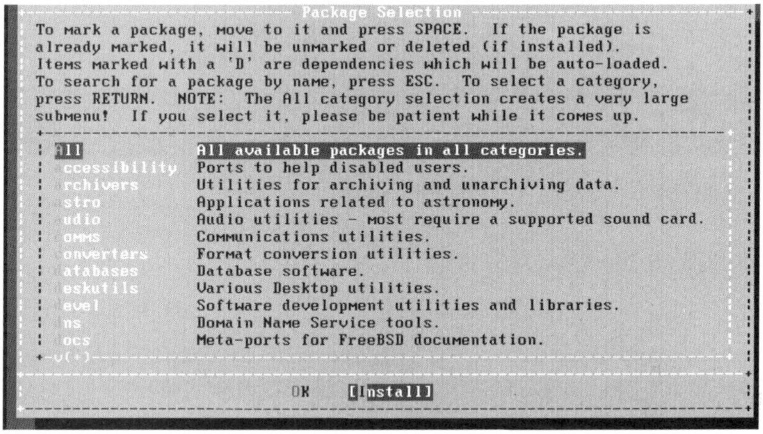

图 1-63　安装 GCC

9）允许登录的用户加入 wheel 组。

当服务器需要进行一些日常系统管理员无法执行的高级维护时，往往就要用到 root 权限，而 wheel 组就是一个包含这些特殊权限的用户池。登录用户成为 wheel 组的成员后，可取得 root 权限进行一些特权的操作，只需要修改 /etc/group，即可将用户加入该组，修改的方法为：将安装过程中输入的普通登录用户添加到 wheel 组的末尾，将 wheel 行改成形如下面的内容：

```
wheel:*:0:root,myhaspl
```

FreeBSD 下可使用 ee、vi、nano 三种编辑器之一修改 /etc/group 文件。

ee 编辑器界面如图 1-64 所示，在屏幕上方有快捷键提示，编辑完后，按 Esc + Enter 键离开 ee，编辑命令如下：

```
#ee /etc/group
```

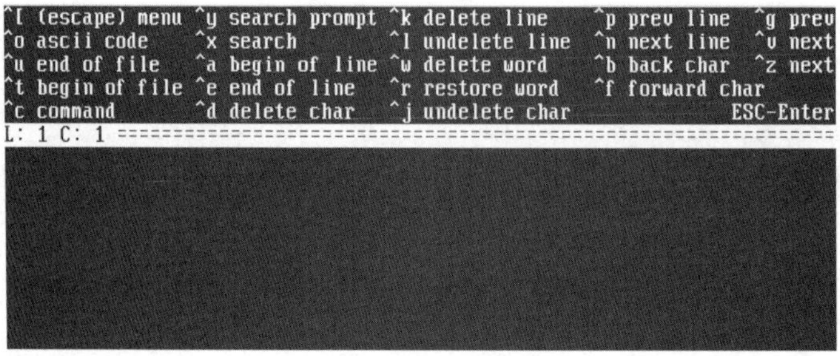

图 1-64　ee 编辑器

对 Linux 比较熟悉的读者，可安装 nano 编辑器，安装命令如图 1-65 所示，安装完毕后，可通过下面的命令修改 /etc/group 文件：

```
#nano /etc/group
```

图 1-65　安装 nano

以 nano 编辑器为例，在 wheel 行的末尾加入用户名 myhaspl（如图 1-66 所示），按 Ctrl+x 键，nano 提示"文件已修改，是否保存"，选择"Y"，直接回车确认。

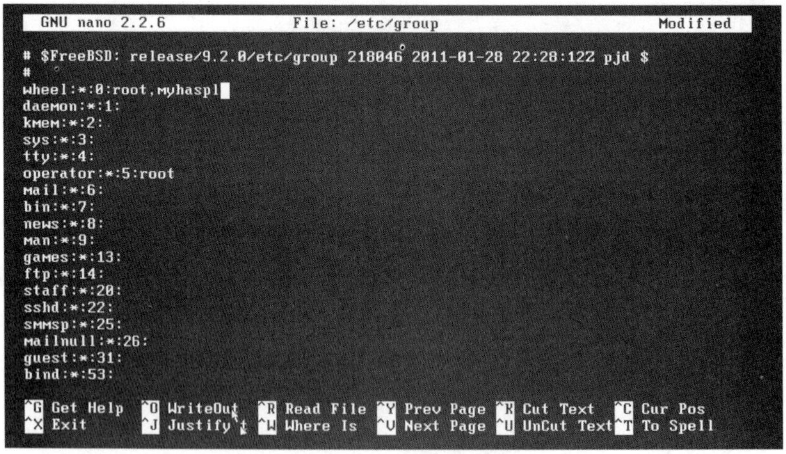

图 1-66　加入登录用户

10）通过 ifconfig 命令查看虚拟机分配的 IP 地址（如图 1-67 所示），在 inet 处可以看到 IP 地址为 192.168.1.10。

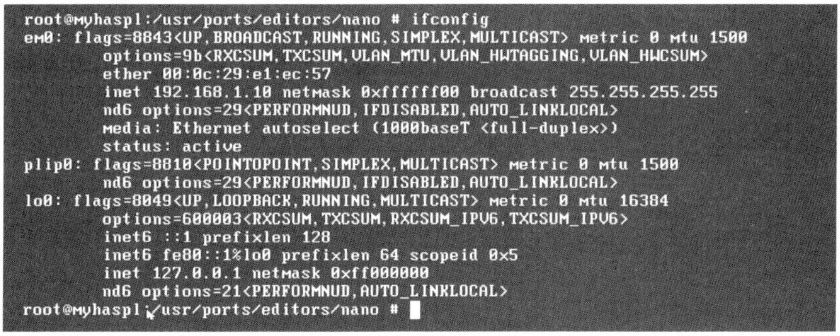

```
root@myhaspl:/usr/ports/editors/nano # ifconfig
em0: flags=8843<UP,BROADCAST,RUNNING,SIMPLEX,MULTICAST> metric 0 mtu 1500
        options=9b<RXCSUM,TXCSUM,VLAN_MTU,VLAN_HWTAGGING,VLAN_HWCSUM>
        ether 00:0c:29:e1:ec:57
        inet 192.168.1.10 netmask 0xffffff00 broadcast 255.255.255.255
        nd6 options=29<PERFORMNUD,IFDISABLED,AUTO_LINKLOCAL>
        media: Ethernet autoselect (1000baseT <full-duplex>)
        status: active
plip0: flags=8810<POINTOPOINT,SIMPLEX,MULTICAST> metric 0 mtu 1500
        nd6 options=29<PERFORMNUD,IFDISABLED,AUTO_LINKLOCAL>
lo0: flags=8049<UP,LOOPBACK,RUNNING,MULTICAST> metric 0 mtu 16384
        options=600003<RXCSUM,TXCSUM,RXCSUM_IPV6,TXCSUM_IPV6>
        inet6 ::1 prefixlen 128
        inet6 fe80::1%lo0 prefixlen 64 scopeid 0x5
        inet 127.0.0.1 netmask 0xff000000
        nd6 options=21<PERFORMNUD,AUTO_LINKLOCAL>
root@myhaspl:/usr/ports/editors/nano #
```

图 1-67 分配的 IP

11）打开前面介绍的 putty 客户端登录 FreeBSD，使用刚输入的 myhaspl 登录后输入 su 命令，更换用户身份为 root，命令如下所示：

```
% su
Password:
root@myhaspl:/home/myhaspl #
```

12）安装 glib。安装过程如下：

```
#cd /usr/ports/devel/glib20
root@dp:/usr/ports/devel/glib20 # make install clean
===>  License LGPL20 accepted by the user
===>  Found saved configuration for glib-2.36.3
===> Fetching all distfiles required by glib-2.36.3 for building
===>  Extracting for glib-2.36.3
=> SHA256 Checksum OK for gnome2/glib-2.36.3.tar.xz.
===>  Patching for glib-2.36.3
===>   glib-2.36.3 depends on package: libtool>=2.4 - found
===>  Applying FreeBSD patches for glib-2.36.3
..........................
```

13）喜欢 vim（类似于 vi 的文本编辑器，增加了很多新的特性，其被推崇为最好的类 vi 编辑器）编辑器的，可以安装 vim 编辑器，安装过程如下：

```
myhaspl@myhaspl: ~ % su
Password:
root@myhaspl:/home/myhaspl # find / -name vim
/usr/ports/editors/vim
root@myhaspl:/home/myhaspl # cd /usr/ports/editors/vim
root@myhaspl:/usr/ports/editors/vim # make install clean
=> vim-7.3.tar.bz2 doesn't seem to exist in /usr/ports/distfiles/vim.
=> Attempting to fetch http://artfiles.org/vim.org/unix/vim-7.3.tar.bz2
```

1.3.3 随书网盘的开发环境

FreeBSD 和 Ubuntu 的安装过程比较烦琐，并且安装后仍然需要配置 C 语言开发环境，

读者若有兴趣可根据前面的介绍，自行搭建属于自己的 C 语言开发环境。为方便 Linux/
UNIX 基础薄弱者，本书已经将 Linux 系统的 C 语言开发环境（包括 Ubuntu 操作系统）制
作成虚拟机文件 my_ub.vdi（网盘地址：https://dwz.cn/uo3gCxWK，提取码：457a），只需在
virtualbox 虚拟机中装载该文件即可使用。装载步骤具体如下。

1）新建虚拟电脑，可在此输入 my_ubuntu（如图 1-68 所示，也可输入其他名称）。

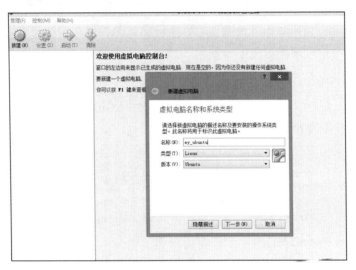

图 1-68　新建虚拟电脑

2）选择内存大小为 512MB（图 1-69 所示）。

图 1-69　设置内存大小

3）选择"使用已有的虚拟硬盘文件"选项（如图 1-70 所示）后，按右下角的"选择虚
拟硬盘"按钮（文件夹内包含向上箭头的图标），选择随书网盘的 my_ub.vdi。装载成功后，

界面如图 1-71 所示。

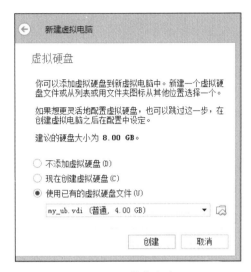

图 1-70 装载虚拟硬盘   图 1-71 装载成功

4）点击"创建"按钮，完成 C 语言开发环境的装载，此时，虚拟机中已经创建了一个虚拟电脑 my_ubuntu（如图 1-72 所示）。

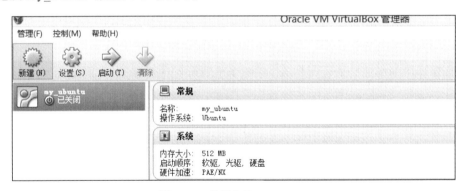

图 1-72 虚拟电脑 my_ubuntu

5）在设置的"网络"选项中，设置"连接方式"为"桥接网卡"（如图 1-73 所示）。

某些电脑装载虚拟文件 my_ub.vdi 后，可能会出现找不到网卡的情况，在这种情况下，可使用如下命令删除规则文件，让 Ubuntu 重新查找网卡：

```
$su
#cd /etc/udev/rules.d
#mkdir ~ /mybak
#mv * ~ /mybak
#reboot
```

my_ubuntu - 设置
常规
系统
显示
存储
声音
网络
串口
USB设备
共享文件夹
网络
网卡 1
网卡 2
网卡 3
网卡 4
启用网络连接(E)
连接方式(A): 桥接网卡
界面名称(N): Realtek PCIe GBE Family Controller
高级(d)
控制芯片(T): Intel PRO/1000 MT 桌面 (82540EM)
混杂模式(P): 拒绝
MAC 地址(M): 0800277460B2
接入网线(C)
端口转发(P)
确定
取消
帮助(H)

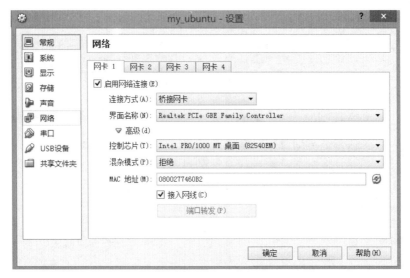

图 1-73　桥接网卡

使用 PuTTY 等工具登录服务器进行测试。

提示 PuTTY 是自由的跨平台 SSH 客户端（SSH 协议是目前比较可靠的远程管理手段，可以有效防止信息泄露问题），可同时在 Win32 和 UNIX 系统下模拟 xterm 终端。在 Windows 下可以使用 PuTTY 客户端登录虚拟机中运行的 Ubuntu 服务器，输入命令，开发和编译 C 程序等，PuTTY 的下载地址为：

http://www.chiark.greenend.org.uk/ ~ sgtatham/putty/download.html

---

虚拟文件 my_ub.vdi 的普通用户（通常使用这个用户登录）为 myhaspl，密码为 168，root 用户（该用户为超级用户，通常使用 myhaspl 登录后，再使用 su 命令转到超级用户 root）的密码为 myhaspl，可通过下面的步骤登录服务器进行测试。

1）在虚拟机中输入 ifconfig 命令，查看虚拟机通过 DHCP 协议自动获取的 IP 地址。（如图 1-74，inet addr 处表明当前分配的 IP 为 192.168.1.8）。

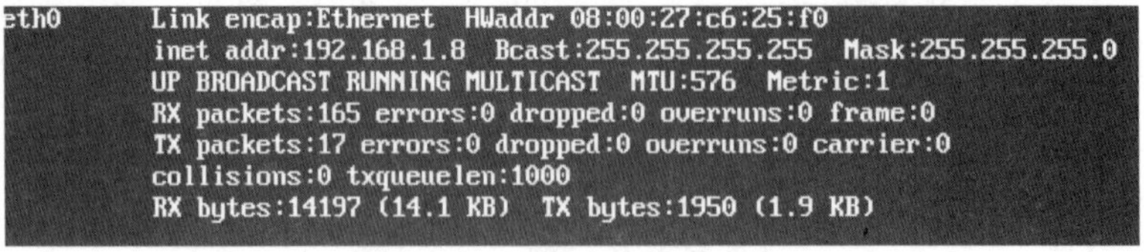

eth0   Link encap:Ethernet HWaddr 08:00:27:c6:25:f0
inet addr:192.168.1.8 Bcast:255.255.255.255 Mask:255.255.255.0
UP BROADCAST RUNNING MULTICAST MTU:576 Metric:1
RX packets:165 errors:0 dropped:0 overruns:0 frame:0
TX packets:17 errors:0 dropped:0 overruns:0 carrier:0
collisions:0 txqueuelen:1000
RX bytes:14197 (14.1 KB) TX bytes:1950 (1.9 KB)

图 1-74　查看 IP 地址

2）使用 PuTTY 登录，在 HostName 处输入虚拟机的 IP 地址（如图 1-75 所示）。

3）当询问是否将该主机的信息加入缓冲时，可选择“是”（如图 1-76 所示）。

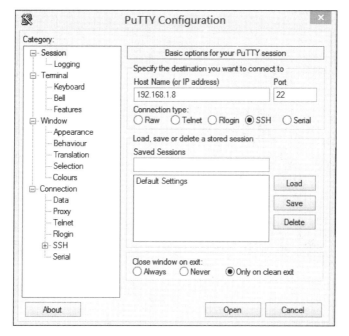

图 1-75 PuTTY 登录

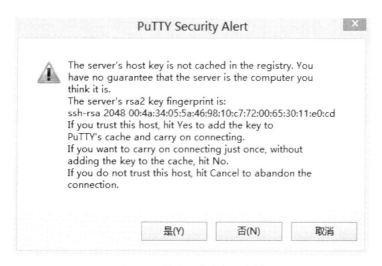

图 1-76 将主机信息加入缓冲

4）输入登录的用户名 myhaspl 及密码 168，登录成功后，返回当前服务器的硬盘和内存使用情况、IP 地址等基本状态（如图 1-77 所示）。

5）当光标停留在 $ 提示符之后，随意输入一个 Linux 命令（比如 ls，用于列出目录中的文件）检测命令执行是否成功（如图 1-78 所示）。

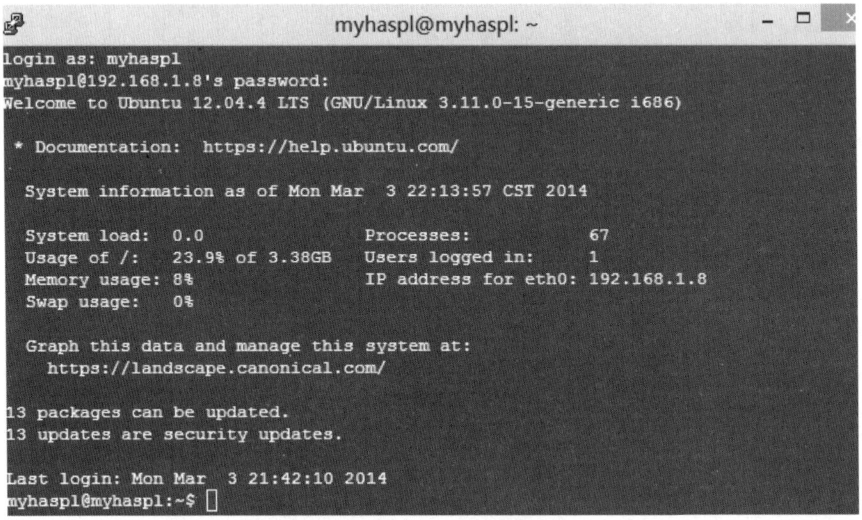

图 1-77　登录成功状态

图 1-78　ls 命令

6）上述步骤若均运行正常，则说明虚拟机加载成功，如果此时不再操作，则请输入 shutdown 命令关闭虚拟机中的 Ubuntu 系统，命令如下所示：

```
myhaspl@myhaspl: ~ $ sudo shutdown -h now
[sudo] password for myhaspl:
myhaspl@myhaspl: ~ $
Broadcast message from myhaspl@myhaspl
        (/dev/pts/0) at 22:21 ...
The system is going down for halt NOW!
```

1.4　hello,world

本节将以经典的"hello,world"程序（是指在计算机屏幕上输出字符串行"hello, world!"的计算机程序，其通常是学习编程语言的第一个示范程序）为例，讲解如何在 Ubuntu 操作系统下编辑、编译以及运行 C 程序。

1. 编辑 C 代码

编辑在 Ubuntu 系统中运行的 C 语言代码有以下两种方式。

第一种，使用 PuTTY 等 SSH 客户端登录服务器后使用 nano 或 vim 编辑器编写 C 源代码。

nano 编辑器简单易用但编辑效率不高，其界面底部有快捷键提示（如 1.3.2 节中图 1-66 所示），可通过 Ctrl 键来控制，比如 Ctrl+O 键表示保存当前文件，Ctrl+W 键表示进入搜索菜单等，如果要查看完整的操作列表，按 Ctrl+G 键可进入帮助屏幕。vim 功能强大且编辑效率较高，当习惯了 vim 编辑器之后，你将会有一种爱不释手的感觉，会发现它比 Windows 下的 notepad++、codeblocks、VisualStudio 更实用，不少软件工程师在 Windows 下使用 gVim 编写 C 程序。

vim 拥有 3 种模式：第一种模式是插入模式，用于输入文本；第二种模式是编辑模式，用于执行命令，也称为正常模式；第三种模式是命令模式，执行格式为"冒号 命令"。

插入模式并不是默认模式，必须按下"i"来进入插入模式，在屏幕上输入 C 代码。按下 Esc 键将从插入模式转到编辑模式，该模式用于移动和操纵文本，有时会以非常有趣的方式进行。在命令模式下执行保存、查找 / 替换以及配置 vim 等功能。比如需要保存编辑的文本，在正常模式下输入"："，进入命令模式后，输入"：w 文件名 <Enter>"。

使用 vim 编辑器编写 C 程序 hello.c（如图 1-79 所示），程序完成在屏幕上输出"hello, world!"行的功能，代码如程序 1-1 所示。

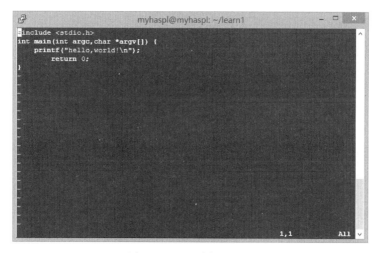

图 1-79　vim 编辑 hello.c

程序 1-1　hello,world

```
#include <stdio.h>
int main(int argc,char *argv[]) {
    printf("hello,world!\n");
```

```
        return 0;
    }
```

第二种，在 Windows 下使用 notepad++ 编辑好 C 代码之后，通过 FileZilla 等 SFTP 客户端上传到 Ubuntu 服务器。

首先，在 Windows 系统中打开 notepad++，输入程序的源代码（如图 1-80 所示）。

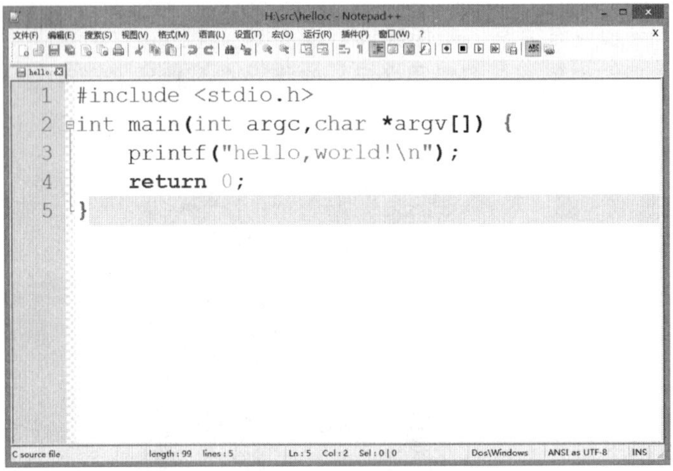

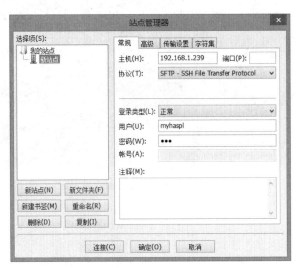

图 1-80　notepad++ 编辑 hello.c

将图 1-80 所示的代码以 hello.c 文件名保存并退出。

然后，上传 C 程序到 Ubuntu 服务器中。打开 FileZilla 的站点管理器，输入 Ubuntu 服务器站点信息（如图 1-81 所示）。

图 1-81　Ubuntu 服务器站点信息

服务器连接成功之后（如图 1-82 所示），上部是连接信息，方框内左部为 Windows 系统（即客户端本机）磁盘目录，方框内右部为 Ubuntu 系统（需要连接的服务器）磁盘目录。

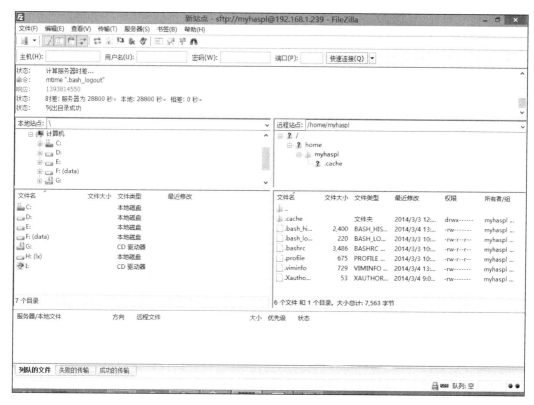

图 1-82　连接服务器

将刚才编写的 C 程序源代码文件（所示图 1-83 所示的方框内的左中部）用鼠标拖动到 Ubuntu 服务器的 myhaspl 用户目录（如图 1-83 所示的方框内的右部）中。

文件上传完成后的界面如图 1-84 所示。

2. 编译 C 程序

通过"gcc -o 执行文件名 源代码文件"的命令格式编译"hello，world"程序：

```
myhaspl@myhaspl:~ $ cd learn1
myhaspl@myhaspl:~ /learn1$ gcc -o hello hello.c
```

也可以使用 make 程序进行编译。编写如下所示的 makefile 文件：

```
hello:hello.c
        gcc hello.c -o hello
clean:
        rm hello
```

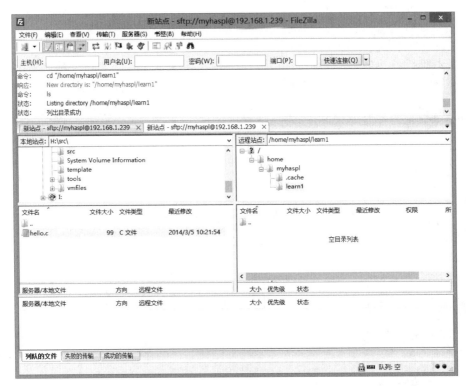

图 1-83　上传文件

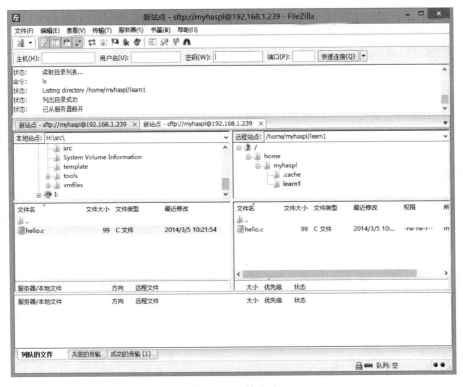

图 1-84　上传成功

执行 make 命令完成编译：

```
myhaspl@myhaspl: ~ /learn1$ make
gcc hello.c -o hello
```

3. 运行 C 程序

直接输入执行文件名，运行程序：

```
myhaspl@myhaspl: ~ /learn1$ ./hello
hello,world!
```

1.5 小结

本章首先概述了 C 语言的起源、发展，C 标准从最初的 K&R C 发展到 C99，直到最新的 C11，每次新标准的发布都意味着向 C 语言注入了更实用、更强大的功能；接着，列举了 C 语言的特点，相比较于其他编程语言而言，C 语言最大的优势就是操作简单且功能强大；然后分别以 Windows、Ubuntu、FreeBSD 操作系统为例，细致讲解了 C 语言开发环境的搭建，同时对随书网盘所附的虚拟机开发环境进行了解说；最后，以 helloworld 为例，简述了如何编辑、编译和运行 C 程序。

C 语言快速入门

2.1　C 语言的语法特点

C 语言是一门语法精简的语言，它的关键字仅有 32 个，C 语言以 main 函数为主函数，程序编译运行之后，执行的就是 main 函数的内容，因此，纵观 C 语言的很多程序，就会发现它们形成了一道有趣的风景线：头文件和 C 代码文件以 main 函数为中心构造，在 main 函数中调用这些文件中编写的代码，引用头文件。C 语言程序实质上就是在程序中调用 C 标准库提供的函数、其他 C 库提供的函数、操作系统提供的 API 接口、自己定义的函数，同时应用适当的数据结构和算法来完成工作。C 语言主要包含如下关键字。

- ❏ auto：声明自动变量。
- ❏ short：声明短整型变量或函数。
- ❏ int：声明整型变量或函数。
- ❏ long：声明长整型变量或函数。
- ❏ float：声明浮点型变量或函数。
- ❏ double：声明双精度变量或函数。
- ❏ char：声明字符型变量或函数。
- ❏ struct：声明结构体变量或函数。
- ❏ union：声明共用数据类型。
- ❏ enum：声明枚举类型。
- ❏ typedef：用以为数据类型取别名。
- ❏ const：声明只读变量。

❑ unsigned：声明无符号类型变量或函数。

❑ signed：声明有符号类型变量或函数。

❑ extern：声明变量是在其他文件中声明的。

❑ register：声明寄存器变量。

❑ static：声明静态变量。

❑ volatile：声明变量在程序执行中可被隐含地改变。

❑ void：声明函数无返回值或无参数，声明无类型指针。

❑ if：条件语句。

❑ else：条件语句否定分支（与 if 连用）。

❑ switch：用于开关语句

❑ case：开关语句分支。

❑ for：一种循环语句。

❑ do：循环语句的循环体。

❑ while：循环语句的循环条件。

❑ goto：无条件跳转语句。

❑ continue：结束当前循环，开始下一轮循环。

❑ break：跳出当前循环。

❑ default：开关语句中的"其他"分支。

❑ sizeof：计算数据类型长度。

❑ return：子程序返回语句（可以带参数，也可以不带参数）循环条件。

C 语言虽然精简，但功能却很强大，其不但能够完成比它更复杂的程序语言所做的事情，而且还能做其他语言不擅长的工作，比如，MySQL（当今世界最流行的开源关系型数据库管理系统）、Nginx（高性能的 HTTP 和 反向代理服务器）、SQLite（嵌入式的轻型数据库）、GNOME 桌面（通常运行在 Linux/UNIX 系统下的桌面系统）、OpenCV（跨平台计算机视觉库）等都是 C 语言的杰作，尤其是在操作系统内核的设计与研发领域，它的"兄弟"C++ 也不是对手（目前还没有出现一款流行于世的 C++ 制作的操作系统内核）。

2.2　猜数字游戏

本节将应用 C 语言制作猜数字游戏，以帮助读者快速复习 C 语言的基础知识。猜数字游戏的规则具体如下：输入一个 1-500 以内的正整数，程序根据玩家输入的数字，提示该数字比正确答案大，或者比正确答案小，如果等于正确答案就提示猜中了。比如，要猜的数字是 85，玩家第一次输入 90，则提示比要猜的数字大，第二次输入 80，则提示比要猜的数字小，第三次输入 85，则提示猜中了。下面就来分步讲解整个游戏的制作过程。

2.2.1 编写输入数字的 C 代码

首先，参照第 1 章介绍的编辑 C 程序的方法，编写源代码文件 2-1.c，代码如程序 2-1 所示：

程序 2-1　输入数字的 C 代码

```
#include <stdio.h>
int main(){
int mynum;
printf(" 你好，请输入一个数字 :");
    scanf("%d",&mynum);
printf("\n 你输入的数字是 :%d\n",mynum);
}
```

接着，使用 PuTTY 等 SSH 客户端登录 Ubuntu 后，在终端编译 2-1.c：

```
$ gcc 2-1.c -o myguess
```

最后，运行该程序进行验证，程序接受一个数字输入后，将输入的数字输出到屏幕中，代码如下：

```
$ ./myguess
你好，请输入一个数字 :55
你输入的数字是 :55
```

纵观程序 2-1 及其执行结果，可以发现，C 语言使用 " ;" 作为语句的结尾；可使用 printf 函数完成屏幕输出，在输出时可使用 " \n" 表示换行符；使用 scanf 函数从键盘中接受指定格式的数据录入，其中 "%d" 表示整数格式，scanf 的第 2 个参数是输入的变量的地址（即 &mynum，其中 "&" 是取地址符）。

2.2.2　限制输入数字的范围

游戏要求输入 1-500 以内的整数，但在运行程序 2-1 时，输入 900、−10 等不符合要求的数字，仍然能够通过。比如，在下面所示的运行结果中，900 和 −10 均通过了输入程序的测试：

```
$ ./myguess
你好，请输入一个数字 :900
你输入的数字是 :900
你好，请输入一个数字 :−10
你输入的数字是 :−10
```

本步骤的目标就是让程序拒绝接受不合法的数字，并提示玩家重新输入，因此，需要修改程序，限制玩家输入数字的范围，修改的代码如程序 2-2 所示：

程序 2-2 限制玩家输入数字的范围

```
#include <stdio.h>
int main(){
        int mynum;
        printf(" 你好，请输入一个数字 :");
        scanf("%d",&mynum);
        if (mynum>500 ||mynum<1){
                printf(" 数字仅限于 1-500 之间，请重新运行本程序！\n");
        }
        else{
        printf("\n 你输入的数字是 :%d\n",mynum);
        }
}
```

编译并运行程序 2-2，从下述运行效果来看，错误的数字并没有被接受，但要想重新输入，必须再运行一次程序：

```
$ gcc -o myguess 2-2.c
$ ./mynum
你好，请输入一个数字 :988
数字仅限于 1-500 之间，请重新运行本程序！
```

程序 2-2 使用了 C 语言的"if...else..."条件语句，这是很多语言都有的一个机制（包括一些函数语言，比如 Haskell 的"if...then...else...."），"if…else…"条件语句分为两个部分：第 1 个部分是 if 语句段，表示如果 if 后面所跟的条件满足要求的话，则执行 if 语句段；第 2 个部分是 else 语句段，表示如果 if 后的条件不满足要求时执行的语句段。

什么是条件满足与不满足呢？C 语言可理解为：如果条件的返回值非 0 则表示条件满足，如果是 0 则表示条件不满足。

可以将多个条件组合成一个综合条件作为"if...else..."条件语句的条件，方式是使用"||"（表示或者）或"&&"（表示并且），比如，程序 2-2 的条件是"mynum>500 ||mynum<1"。

用非 0 与 0 来判断条件的真假让 C 语言的条件语句具备较强的灵活性，但是这会带来一个困扰：在 C 语言条件语句中，NULL 和 0 的值是一样的，而 NULL 常用于指针和对象，0 常用于 int 等整型数，这就意味着，如果出现了类似下面的语句块，则是对含有指针变量的条件进行判断。例如，在下面这种形式的代码中，mypoint 指向了其他变量的内存地址，如果指针变量 mypoint 指向的地址为 NULL，则表示 mypoint 指向的地址是无效的，否则是有效的。示例代码如下：

```
if (mypoint!=NULL){
............// 指针指向内容有效时执行的语句块
}
else{
```

```
.......... .// 指针指向内容无效时执行的语句块
}
```

也可以在条件中使用 "!"（表示逻辑非），进一步简化对 mypoint 是否有效的判断，示例代码如下：

```
if (!mypoint){
.......... // 指针指向内容有效时执行的语句块
}
else{
.......... .// 指针指向内容无效时执行的语句块
}
```

2.2.3 引入循环机制，允许重新输入

循环是计算机科学运算领域的用语，也是一种常见的控制流程，循环是指一段代码在程序中只出现一次，但可能会连续运行多次的语句。通过 C 语言的循环语句，程序 2-3 实现了在玩家输入错误数字的情况下，可再次输入，而不是直接退出程序的功能：

程序 2-3　引入循环机制

```
#include <stdio.h>
int main(){
    int mynum;
    int ispass=0;
    while (!ispass){
    printf(" 你好，请输入一个数字 :");
        scanf("%d",&mynum);
        if (mynum>500 ||mynum<1){
            ispass=0;
            printf(" 数字仅限于 1-500 之间 \n");
        }
        else{
            ispass=1;
            printf("\n 你输入的数字是 :%d\n",mynum);
        }
    }
}
```

编译并运行程序 2-3，当输入的数字不合法时（分别输入了 1234、-12 进行测试），程序没有接受玩家输入，而是提示重新输入数字，运行结果如下：

```
$ gcc 2-3.c -o myguess
$ ./myguess
你好，请输入一个数字 :1234
数字仅限于 1-500 之间
你好，请输入一个数字 :-12
数字仅限于 1-500 之间
```

```
你好，请输入一个数字:88
你输入的数字是:88
```

程序 2-3 中使用了 C 语言的 while 循环来实现玩家反复输入数字，直到输入的数字在 1-500 之内才退出循环的功能。

while 循环的语法格式如下：

```
while( 条件 ){
语句块
}
```

此外，程序 2-3 在 while 的条件 "while (!ispass)" 中使用了逻辑 "!"，简化了程序。

C 语言还有另一种循环形式 "do...while..." 循环，它的语法格式如下（不要忘记在最后一行的条件后加上 ";"）：

```
do{
语句块
}while ( 条件 );
```

用 "do…while..." 循环对程序 2-3 进行修改，修改后的代码如程序 2-4 所示：

程序 2-4 "do...while..." 循环

```
#include <stdio.h>
int main(){
        int mynum;
        int ispass=0;
        do{
        printf(" 你好，请输入一个数字 :");
        scanf("%d",&mynum);
        if (mynum>500 ||mynum<1){
                ispass=0;
                printf(" 数字仅限于 1-500 之间 \n");
        }
        else{
                ispass=1;
                printf("\n 你输入的数字是 :%d\n",mynum);
        }
        } while (!ispass);
}
```

编译并运行程序 2-4，下面是运行结果，当输入 8889 时，程序会提示数字不合法，并让玩家重新输入：

```
$gcc 2-4.c -o myguess
$ ./myguess
你好，请输入一个数字:8889
```

```
数字仅限于 1-500 之间
你好，请输入一个数字 :12
你输入的数字是 :12
```

程序 2-3、程序 2-4 使用了变量 ispass 作为是否退出循环的依据，如果 ispasss 不为真，则表示玩家输入的数字不合法，需要继续输入，否则退出循环。

除了使用 ispass 这类变量控制 C 语言循环之外，还可以直接通过 break 语句退出循环（注意，只能退出 break 语句本身所在的那层循环）。通过 break 语句的使用，程序 2-5 完成了与程序 2-3、程序 2-4 同样的功能，程序代码如下：

程序 2-5　break 的使用

```c
#include <stdio.h>
int main(){
        int mynum;
        int ispass=0;
        while(1){
        printf(" 你好，请输入一个数字 :");
        scanf("%d",&mynum);
        if (mynum>500 ||mynum<1){
                printf(" 数字仅限于 1-500 之间 \n");
        }
        else{
                printf("\n 你输入的数字是 :%d\n",mynum);
                break;
        }
        }
}
```

编译运行程序 2-5，从下面的运行结果可以看出，程序 2-5 与程序 2-3 以及程序 2-4 的功能一样，程序在玩家输入错误的情况下，提示玩家重新输入，具体如下：

```
$gcc 2-5.c -o myguess
$ ./myguess
你好，请输入一个数字 :8788
数字仅限于 1-500 之间
你好，请输入一个数字 :66
你输入的数字是 :66
```

2.2.4　产生 1 ～ 500 以内的随机整数

为增加游戏的趣味性，编写代码产生 1 ～ 500 以内的随机整数，并将这个整数作为被猜数字，这样玩家每次运行游戏，需要猜的都是不同的数字。为保证需要猜的整数在 1 ～ 500 之间，需要按如下方式对随机整数进行加工（"%" 为取余操作符）：

1 ～ 500 以内的被猜数字 = 随机整数 %499+1

借助 stdlib.h 中定义的 srand 函数来生成公式右边所需要的随机数，该函数需要一个数值作为产生随机数的种子（也就是这个函数的唯一参数），通常使用当前时间值作为参数，当前时间值可以通过 time 函数（以 0 作为参数调用，该函数定义于 time.h 中）生成。程序 2-6 通过 srand 函数生成随机数，代码如下：

程序 2-6　srand 函数生成随机数

```
#include <stdio.h>
#include <stdlib.h>
#include <time.h>
int main()
{
    srand((int)time(0));
    printf(" 第一个随机数 :%d 第二个随机数 :%d\n",rand()%499+1,rand()%499+1);
}
```

编译并运行程序 2-6，运行结果表示，程序产生了 1 ~ 500 以内的 2 个随机整数 429 与 44：

```
$gcc a.c -o mytest
$./mytest
第一个随机数 :429 第二个随机数 :44
```

可将程序 2-6 中的代码稍做修改，与程序 2-5 结合，将程序 2-6 中产生随机数的代码定义为函数 getnumber，以供 main 函数调用，最终代码如程序 2-7 所示：

程序 2-7　最终代码

```
#include <stdio.h>
#include <stdlib.h>
#include <time.h>
int getnumber(){
        srand((int)time(0));
        return rand()%499+1;
}
int main(){
        int mynum;
        int ispass=0;
        while(1){
        printf(" 你好，请输入一个数字 :");
        scanf("%d",&mynum);
        if (mynum>500 ||mynum<1){
                printf(" 数字仅限于 1-500 之间 \n");
        }
        else{
                printf("\n 你输入的数字是 :%d\n",mynum);
                break;
        }
        }
        printf("number:%d\n",getnumber());
}
```

编译并运行程序 2-7，观察以下运行结果，玩家猜测数字为 55，最后一行输出了被猜的数字为 109。

```
$ gcc guessnum.c -o myguess
$ ./myguess
你好，请输入一个数字：55
你输入的数字是：55
number:109
```

为了验证随机数效果，程序 2-7 中最后一个 printf 语句获取到要猜的随机整数，并输出到屏幕，但游戏中不能把结果告诉玩家，因此，接下来需要继续完善程序 2-7，加入更多的功能。

2.2.5　反复接收玩家输入，直到猜中数字为止

C 程序通过"if…else if…else…"语句块来实现条件语句的组合，该组合中包含有多个不同的条件，可用于定义满足各个条件时执行的代码块。语句块格式如下：

```
if (条件1){
    .........// 条件 1 满足时执行的代码块
}
else if(条件2){
    ......... // 条件 2 满足时执行的代码块
}
.........
else if(条件n){
    ......... // 条件 n 满足时执行的代码块
}
else{
    ......... // 以上所有条件均不满足时执行的代码块
}
```

在程序 2-7 中增加条件语句组合，改进猜数字游戏，实现玩家输入的数字与被猜数字的比较，并根据比较结果为玩家提示数字大了或小了的信息，当玩家输入的数字与被猜数字相同时，提示玩家猜中了，修改后的代码如程序 2-8 所示：

程序 2-8　条件语句组合

```
#include <stdio.h>
#include <stdlib.h>
#include <time.h>
int getnumber(){
        srand((int)time(0));
        return rand()%499+1;
}
int main(){
    int mynum;
    int ispass=0;
```

```
    int guessnum=getnumber();
    while (1){
    while(1){
    printf(" 你好，请输入一个数字 :");
        scanf("%d",&mynum);
    if (mynum>500 ||mynum<1){
        printf(" 数字仅限于 1-500 之间 \n");
    }
    else{
        printf("\n 你输入的数字是 :%d\n",mynum);
        break;
    }
    }
    if (mynum>guessnum){
        printf(" 数字大了! \n");
    }
        else if(mynum<guessnum){
        printf(" 数字小了! \n");
    }
    else{
        printf(" 祝贺您，您猜中了! \n");
        break;
    }
    }
}
```

编译并运行程序 2-8，玩家输入数字之后，程序提示输入的数字与被猜的数字相比是大了还是小了，进行几次尝试之后，玩家成功猜中数字，程序提示"祝贺您，您猜中了!"，运行结果如下所示：

```
$ gcc guessnum.c -o myguess
$ ./myguess
你好，请输入一个数字 :55
你输入的数字是 :55
数字小了!
你好，请输入一个数字 :280
你输入的数字是 :280
数字小了!
你好，请输入一个数字 :350
你输入的数字是 :350
数字小了!
你好，请输入一个数字 :400
你输入的数字是 :400
数字小了!
你好，请输入一个数字 :488
你输入的数字是 :488
数字大了!
你好，请输入一个数字 :420
你输入的数字是 :420
```

```
数字小了!
你好，请输入一个数字 :450
你输入的数字是 :450
数字大了!
你好，输入一个数字 :440
你输入的数字是 :440
数字大了!
你好，请输入一个数字 :430
你输入的数字是 :430
祝贺您，您猜中了!
```

2.2.6 自动猜数算法

能不能让电脑程序拥有智能，让程序来猜数字呢? 肯定可以，只需要编写 C 程序实现某种算法即可。在国内，算法最早出现在《周髀算经》《九章算术》之中；在国外，古希腊数学家欧几里得（Euclid，约公元前 325 年—公元前 265 年）出版了《几何原本》，闻名于世。人类历史上第一次将算法编写为程序的是 Ada Byron，其于 1842 年为巴贝奇分析机编写求解伯努利微分方程的程序，Ada Byronl 也因此被大多数人认为是世界上第一位程序员。

算法的核心是创建问题抽象的模型和明确求解目标，之后可以根据具体的问题选择不同的模式和方法完成算法的设计。为了能让程序实现自动猜数，必须假设一个前提：程序不知道要猜的数字，也就是说这个算法中只能与要猜的数字进行比较，而不能直接"知诮"要猜的数字值。分析算法目标，可使用类似于折半查找法的算法，折半查找法又称二分查找法，是一种在有序数组中查找某一特定元素的搜索算法。查找过程从数组的中间元素开始，如果中间元素正好是要查找的元素，则搜素过程结束；如果某一特定元素大于或者小于中间元素，则在数组大于或小于中间元素的那一半中查找，而且跟开始一样从新的中间元素开始进行比较。如果在某一步骤中数组为空，则代表找不到。这种搜索算法每进行一次比较都会使搜索范围缩小一半。

例如，在一个升序排列的数字列表 2、6、7、34、76、123、234、567、677、986 中查找数字 123 所处的位置，算法过程具体如下：首先，将 first(下限) 指向最小数字 2 的位置，last(上限) 指向最大的数字 986 的位置，得到 first 的值为 1，而 last 的值为 10，计算位于它们的 mid（中间位置）为 6，数字为 76；然后将 76 与 123 进行比较，发现 123 比 76 大，于是将 first 设为 mid 之后的位置（即 6），last 不变，按与上一步同样的方法，计算 first 与 last 的 mid 为 8，将 last 设为中间位置的前一位置；最后，再次计算新的 mid，直到 mid 处的值等于 123 为止，这样就能成功找到 123 的位置，处于数字列表的第 6 个位置。整个过程如图 2-1 所示。

折半查找算法查找的范围每次缩小一半，因此查找效率较高，我们可以借鉴这个思想，设计自动猜数算法：当输入一个数字时，会得到一个反馈，输入的数字相对被猜数字是大了还是小了，将被猜数字作为查找目标，将 1 到输入数字的范围作为查找范围，实现自动猜数。如果输入数字大了，就将输入数字作为查找范围的上限，如果输入数字小了，就将输入数字作为查找范围的下限，每输入一次数字，就缩小了查找范围的一半，这样很快就能猜中，赢得游戏的胜利，算法过程具体如下。

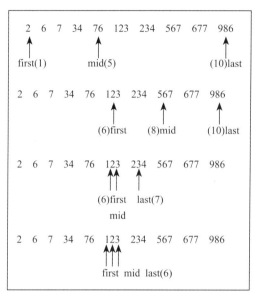

图 2-1 折半查找法

1）设数字范围 R 为 1 ～ 500。

2）取范围 R 以内的中间值 A，把 A 作为程序模仿人类猜测出的数字。

3）将猜测的数字 A 与被猜的结果 B 进行比较

a）如果 A ＞ B，则将 R 的上限设为 A，回到第 2 步。

b）如果 A ＜ B，则将 R 的下限设为 A，回到第 2 步。

c）如果 A=B，则退出程序，提示猜中数字，进入第 4 步。

4）在屏幕上输出 A 和 B，并提示猜中数字。

程序 2-9 自动猜数算法

```
#include <stdio.h>
#include <stdlib.h>
#include <time.h>
//code:myhaspl@myhaspl.com
//date:2014-01-23
int getnumber(){
        srand((int)time(0));
        return rand()%499+1;
}
int main(){
        int mynum;
```

```
int ispass=0;
int guessnum=getnumber();
int myrange[2]={1,500};
while (1){
mynum=(myrange[0]+myrange[1])/2;
if (mynum>guessnum){
        printf("程序猜的数字为%d，数字大了！\n",mynum);
        myrange[1]=mynum;
}
else if(mynum<guessnum){
        printf("程序猜的数字为%d，数字小了！\n",mynum);
        myrange[0]=mynum;
}
else{
        printf("程序猜的数字为%d，被猜的数字为%d,猜中了！\n",mynum,guessnum);
        break;
}
}
}
```

编译后程序的运行结果如下，仅仅7次，程序就猜出了数字：

```
$gcc guessnum.c -o myguess
$ ./myguess
程序猜的数字为250，数字大了！
程序猜的数字为125，数字小了！
程序猜的数字为187，数字大了！
程序猜的数字为156，数字小了！
程序猜的数字为171，数字大了！
程序猜的数字为163，数字小了！
程序猜的数字为167，被猜的数字为167,猜中了！
```

程序 2-9 中使用了 C 语言的数组概念，数组的定义如下所示：

类型 数组名 [数组长度]={ 用逗号分隔的数组初始值 }

程序 2-9 中将 myrange 变量（表示猜数范围）定义为一个包含 2 个元素（第 1 个元素 1 表示下限，500 表示上限）的数组，如下面代码所示：

```
int myrange[2]={1,500};
```

数组元素引用的方式是数组名 [数组索引]，其中数组索引从 0 开始。例如，程序 2-10 计算猜数时，通过数组索引形式取得 myrange 数组的上限与下限后，计算它们之间的平均值取得猜数范围内的中间值，如下面代码所示：

```
mynum=(myrange[0]+myrange[1])/2;
```

2.3　小结

　　C语言是一门语法精简且功能强大的语言，其关键字仅有 32 个，它以 main 函数为中心，不但可以完成普通程序语言能做的工作，而且还可以做其他语言不擅长的工作，比如 Linux 内核、SQLite 嵌入式数据库，等等。本章以猜数字游戏制作为例，依次介绍了基本输入输出、条件语句、循环语句、随机数生成等基本语法，最后以二分查找算法为基础，讲解了自动猜数算法，以帮助读者快速学习 C 语言知识以及算法基础。

Chapter 3 第 3 章

AT&T 汇编概述

3.1 AT&T 汇编基础

3.1.1 IA-32 指令

当计算机处理应用程序，运行其中的二进制指令码时，数据指针将指示处理器如何在内存的数据区域寻找要处理的数据，这块区域称为堆栈；指令码放在另外的指令区，并通过指令指针机制管理当前运行中的指令，当处理器完成一个指令码的处理之后，指令指针将指向下一条指令码。

IA-32 指令码（Intel、AMD 的 CPU 使用的指令码）由二进制码组成，格式如图 3-1 所示。

Instruction Prefixes	Opcode	ModR/M	SIB	Displacement	Immediate
Up to four prefixes of 1 byte each (optional)	1-, 2-, or 3-byte opcode	1 byte (if required)	1 byte (if required)	Address Displacement of 1, 2, or 4 bytes or none	Immediate data of 1, 2, or 4 bytes or none

7	6 5	3 2	0
Mod	Reg/ Opcode	R/M	

7	6 5	3 2	0
Scale	Index	Base	

图 3-1　IA-32 指令码

其中，指令前缀（Instruction Prefixes）可包含 1 到 4 个修改操作码行为的 1 字节前缀，它们分别是锁定前缀和重复前缀、段覆盖前缀和分支提示前缀、操作数长度覆盖前缀、地址长度覆盖前缀等。操作码（Opcode）定义了处理器执行的功能；修饰符包括 ModR/M（寻址方式说明符）、SIB（比例－索引－基址）、Displacement（移位），定义执行的功能中涉及存取的具体寄存器和内存位置；数据元素（Immediate）是完成功能所需要使用的数据，这些数据既可以是直接的数据值，也可以是数据在内存中的地址。

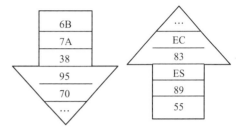

当数据元素被放入到堆栈中时，数据指针在内存中"向下"（地址减少）移动，而当数据从堆栈中读取时，数据指针则在内存中"向上"（地址增加）移动；指令指针可让处理器了解哪些指令码已经处理过了，接下来需要处理的指令码是哪条。数据指针的移动过程如图 3-2 中的左图所示，指令指针的移动如图 3-2 中的右图所示。

图 3-2　数据指针和指令指针移动过程

3.1.2　汇编的作用

C 语言看似简单，但要想真正驾驭它难度却很大，需要非常小心和谨慎。C 语言非常接近底层硬件，极具灵活性，在实际工作中，C 程序员往往需要比 Java 程序员掌控更多的底层细节，他们通常要亲自控制内存的分配与回收、控制接口通信、优化文件系统和网络协议、调用操作系统内核函数，等等，这对 C 代码的质量提出了较高的要求，代码质量越高，编译后运行的效率就越高，代码质量太低，将会使运行效率也变得低下，可能还不及完成同样功能的 Java 程序，诸如内存泄漏等问题甚至会造成操作系统的漏洞和崩溃。

汇编语言（Assembly language）是一种用于电子计算机、微处理器、单片机或其他可编程器件的低级语言，采用助记符代表特定低级机器语言的操作，特定的汇编语言和特定的机器语言指令集是一一对应的，因此，相对 C 等高级语言而言，汇编语言的移植性较差，一种汇编语言通常专用于某种计算机系统结构，而且不可以在不同的系统平台之间移植。使用汇编语言编写的源代码，需要使用相应的汇编程序将它们转换成可执行的机器代码，这一过程被称为汇编过程。汇编语言的优势在于：速度快，可以对硬件底层直接进行操作，这对诸如图形处理、高性能运算、底层接口操作等关键应用是非常重要的。

汇编语言与 C 语言是相辅相成的，对编译后的 C 程序进行反汇编，剖析生成的汇编代码，能够更好地理解编译过程、指针原理、内存分配、代码优化等关键问题，从而提高 C 代码的质量；此外，汇编速度快，可以直接对硬件进行操作，这对诸如图形处理等关键应用是非常重要的，可以将汇编语言直接嵌入 C 代码中，运用汇编这一底层语言优化程序的性能。

3.1.3　AT&T 汇编语言的特点

汇编语言允许程序员方便地创建指令码程序，但不是用那些二进制编码的格式，而是使用助记符，助记符使用不同的单词表示不同的指令码。有了助记符，程序员可以用英语来编写在目标机器上执行的指令码，而不用记忆那些无趣的二进制编码。

绝大多数程序员以前只接触过 DOS/Windows 下的汇编语言，这些汇编代码都是 Intel 风格的，在 Linux 系统中，更多采用的还是 AT&T 汇编语言，因此，本书将以 AT&T 汇编语言为例进行讲解。

AT&T 汇编语法主要包含如下特点。

1）程序源文件一般以 ".s" 作为后缀文件名，以 "#" 开头表示注释。

2）寄存器名以 "%" 作为前缀。例如，下面的代码表示将 eax 寄存器的内容复制到 ebx 中：

```
movl  %eax,%ebx
```

3）立即操作数以 "$" 前缀表示。例如，下面的代码表示将 1 复制到 eax 内存地址中（eax 用括号包围，表示操作数的内存位置，而不是操作数本身）：

```
movl  $1, (%eax)
```

4）目标操作数在源操作数的右边。例如，下面的代码表示将寄存器 eax 的内容复制到 ebx 中：

```
movl  %eax,%ebx
```

5）操作数的字长由操作符的最后一个字母决定，后缀 "b"、"w"、"l" 分别表示操作数为字节（byte，8 比特）、字（word，16 比特）和长字（long，32 比特）。

下面以复制指令 mov 为例进行说明。

movl 对 32 位进行操作，下面的代码表示将 eax 寄存器 32 位的内容复制到 ebx 中：

```
movl %eax, %ebx
```

movw 对 16 位进行操作，下面的代码表示将 ax 寄存器的内容复制到 bx 中：

```
movw %ax, %bx
```

movb 对 8 位进行操作，下面的代码表示将 al 寄存器的内容复制到 bl 中：

```
movb %al, %bl
```

下面再来看一下入栈指令 push（如下面的代码所示，"#" 后的注释是对本行代码的说明）：

```
pushl   %ecx  # 32 位 ecx 的内容入栈
pushw   %cx   # 16 位 ecx 的内容入栈
pushl   $180  # 180 作为一个 32 位整数入栈
pushl   data  # data 变量内容入栈，长度为 32 位
pushl   $data # 这个操作很特别，在变量前面加上 "$" 表示获取变量的地址，这里是将 data 变量的地址
入栈
```

6）远程转移指令和远程子调用指令的操作码分别为 ljump 和 lcall。

3.1.4 第一个 AT&T 汇编

学习汇编最有效的方法就是动手实践，下面就来开始编写第一个汇编程序吧！本程序需要完成的功能是：将 66 与 20 相加，相加的结果（88）是字母"B"的 ASCII 码，将"B"与后面跟随的换行符（换行符的 ASCII 码为 10）一起输出到屏幕上。不同的操作系统中，汇编代码会稍有不同，下面将分别以 FreeBSD 与 Ubuntu 系统为例进行讲解。

1. FreeBSD 系统

FreeBSD 系统可通过 Vim 或 ee 编辑文件 3-1.s，输入如程序 3-1 所示的代码：

程序 3-1　第一个汇编程序：输出"B"

```
.section .data
output:
 .byte 46
 .byte 10
.section .text
.globl _start
_start:
    movl $output,%edx
    addl $20,(%edx)
    pushl $2            # 参数三：字符串长度，包括换行符共 2 个字符
    pushl $output       # 参数二：要显示的字符串
    pushl $1            # 参数一：文件描述符（stdout）
    movl $4, %eax       # 系统调用号（sys_write）
    pushl %eax
    int  $0x80          # 调用内核功能显示字符及回车
    pushl $0            # 参数一：退出代码
    movl $1,%eax        # 系统调用号（sys_exit）
    int  $0x80          # 调用内核功能
```

与 C 程序需要编译才能运行一样，汇编程序不能直接执行，也需要先进行汇编，并且要在链接后才能执行，具体过程如下。

首先，进行汇编：

```
%as -o 3-1.o 3-1.s
```

然后，链接：

```
%ld -o 3-1 3-1.o
```

最后，运行测试：

```
% ./3-1
B
```

下面对程序 3-1 进行剖析，初步熟悉一下 AT&T 汇编。

1）AT&T 汇编代码通过 .section 声明不同的段，程序 3-1 声明了两个段，它们分别

是 .section .data 段和 .section .text 段。.section .data 段为数据段,用于存放可供汇编程序读写的数据;.section .text 段为代码段,用于存放汇编程序代码,程序在运行时会为这两个段分配相应大小的内存,当程序结束时,这些内存会被自动释放。

2)程序 3-1 中的数据段中存放了 1 个字节(byte)大小的数字 66 和同样大小的换行符(数字 10 表示换行符的 ASCII 码),代码片断如下:

```
.section .data
output:
 .byte 46
 .byte 10
```

上述汇编代码完成的功能相当于下面这条 C 语句:

```
unsigned char output[2]={60,10};
```

3)程序 3-1 的代码段的开头处有这样一条语句" globl _start",这条语句标注了程序的起始点(相当于 C 语言的 main 函数)。globl 标记用于指示外部程序可访问的程序标签,_start 标签是 ld 链接器进行链接时默认程序的起始点,它们组合在一起的含义是:当汇编程序运行时,指令指针将指向 _start 标签处(即代码段的开头,第一条汇编代码处),从 _start 标签指向的汇编代码开始运行。注意," _start"是默认的名字,如果要使用其他名字,则需要在链接时使用"-e"选项指定起始点名称。

4)紧接着 _start 标签的程序可分为如下两块。

第一块是显示字符"B"及换行符,代码片断如下:

```
movl $output,%edx
addl $20,(%edx)
pushl $2          # 参数三:字符串长度,包括换行符共 2 个字符
pushl $output     # 参数二:要显示的字符串
pushl $1          # 参数一:文件描述符(stdout)
movl $4, %eax     # 系统调用号(sys_write)
pushl %eax
int  $0x80        # 调用内核功能显示字符及回车
```

上述代码片断的前 2 行将 output 标记指向的数字 66 所在的内存地址送入 edx 寄存器,然后调用 addl 指令完成 66+20 的运算,addl 指令的目标操作数为 (%edx),而不是 %edx,用括号包围表示目标操作数在 %edx 指向的内存地址中。余下几行则通过将参数依次入栈,然后使用 UNIX 内核的系统调用从内核访问控制台显示,最后一行 int $0x80 表示使用 int 指令码,生成具有 0x80 值的软件中断,要求内核执行的具体操作由 eax 寄存器决定,这个内核函数省去了将每个输出字符亲自送到显示器的 I/O 地址的过程。该代码片断相当于执行以下 C 语句:

```
output[0]+=20;
printf("%s",output);
```

第二块是退出程序，代码片断如下：

```
pushl $0            # 参数一：退出代码
movl $1,%eax        # 系统调用号（sys_exit）
int  $0x80          # 调用内核功能
```

上述代码片断以退出代码 0 作为参数入栈，并以系统调用号 1 来调用内核，从而正常退出程序，这段代码相当于执行以下 C 语句：

```
return 0;
```

以上两块代码均使用了 int $0x80 软中断语句来访问内核，软中断指令通常要运行一个切换 CPU 至内核态（Ring 0）的子例程，这个过程用于实现系统调用，它触发了内核事件，实现了宏观的异步执行，与硬中断类似，也与信号有些类似。这意味着，当执行 int $0x80 时，通过软中断触发内核事件，进而调用内核函数。调用函数通常需要传入参数，内核函数也不例外，栈就是用户程序与内核函数的交换空间。

与 Ubuntu 不同的是，FreeBSD 内核默认使用 C 语言的调用规范，因为作为一个类 Unix 操作系统，它遵守 Unix 规范，该规范允许任何语言所写的程序访问内核，也就是说 FreeBSD 访问内核的方式是先将参数压入栈中，然后再执行 int $0x80 调用内核中断，执行内核函数。程序 3-1 也是这样做的：它首先通过 push 指令，将调用参数将压入栈中，然后通过 int $0x80 指令触发软件中断，执行内核函数，最后内核函数从栈中将参数取出，执行完毕后，由内核态返回用户态。

2. Ubuntu 系统

Ubuntu 等 Linux 系统与 FreeBSD 等类 UNIX 系统在调用内核函数时略有不同。Linux 内核在传递参数的时候，使用了与 MS-DOS/Windows 相同的系统调用规范，例如，在 UNIX 的规范中，代表内核函数的数字存放在 eax 中，而在 Linux 中，调用参数并未压入栈中，而是存放在 ebx，ecx，edx，esi，edi，ebp 等寄存器中。因此在 Ubuntu 下，程序 3-1 需要稍做修改，修改后的代码如程序 3-2 所示：

程序 3-2 Ubuntu 下输出 "B"

```
.section .data
output:
 .byte 66
 .byte 10
.section .text          # 代码段声明
.global _start          # 指定入口函数

_start:                 # 在屏幕上显示一个字符串
        movl $output,%edx
        addl $20,%edx
        movl $2, %edx       # 参数三：字符串长度
        movl $output, %ecx  # 参数二：要显示的字符串
        movl $1, %ebx       # 参数一：文件描述符（stdout）
```

```
        movl $4, %eax           # 系统调用号（sys_write）
        int  $0x80              # 调用内核功能

                                # 退出程序
        movl $0,%ebx            # 参数一：退出代码
        movl $1,%eax            # 系统调用号（sys_exit）
        int  $0x80              # 调用内核功能
```

汇编并运行程序 3-2:

```
$as -o 3-2.o 3-2.s
$ld -o 3-2 3-2.o
$ ./3-2
B
```

程序 3-2 与程序 3-1 的结构类似。首先，在可读写数据段（.section .data）中存放 66 以及 10（换行符的 ASCII 码）；然后，在程序段（.section .text）的起始处，使用 ".global _ start" 声明入口程序名；最后，在 _start 程序中，先后使用两次 "int $0x80" 语句调用内核函数，显示字符串后退出程序。但有一个"陷阱"，程序段的前 2 行看似完成了 66+edx 的操作，但却忽略了一点，%edx 表示一个操作数，而不是操作数的内存位置。因此输出的是 66 对应的 "B"，而不是 ASCII 码 86 对应的 "√"。

程序 3-2 与程序 3-1 的主要区别在于：程序 3-2 并没有像程序 3-1 那样将调用参数推入栈中，而是将参数放在 edx、ecx、ebx、eax 寄存器中，然后调用内核功能输出字符串。

从以下代码片断可以看出：字符串长度 2 被放置在 edx 寄存器中，字符串的首地址放置在 ecx 寄存器中，输出设备 stdout 的描述符放置在 ebx 寄存器中，系统调用号 4 放置在 eax 寄存器中，最后一行调用了内核功能函数。

```
        movl $2, %edx           # 参数三：字符串长度
        movl $output, %ecx      # 参数二：要显示的字符串
        movl $1, %ebx           # 参数一：文件描述符 (stdout)
        movl $4, %eax           # 系统调用号 (sys_write)
        int  $0x80              # 调用内核功能
```

3.2　程序运行机制

C 程序运行机制与 Python、Lua 等脚本语言的运行机制不同，脚本语言由解释程序读取后运行，由解释程序负责运行脚本语言的指令，而不是由 CPU 直接运行脚本语言的指令。虽然某些脚本语言解释器具有 JIT（just-in-time compiler）功能，可将脚本语言转换成能被处理器直接执行的指令，但是，转化的过程实质上也是一个编译的过程，这个编译过程仍然需要编译器的帮忙，因此，从某种角度上来说，此类脚本语言解释器可称为"脚本语言

编译器"。而 C 语言则不同，它属于编译型语言，当然，汇编语言也是可编译运行的，但 C 语言相比汇编语言而言更简洁，在完成同样任务的情况下，C 程序的编码量要少很多，这对汇编语言程序员来说也许是一种解脱。

C 语言将生成机器语言的工作托付给编译器执行，机器语言是计算机能够直接解读、运行的语言，C 语言编译器将源程序作为输入，翻译成目标语言机器的二进制执行文件，在 Linux 平台下，GCC 是使用最多的编译器，GCC 原名为 GNU C 语言编译器（GNU C Compiler），经过后期的不断改进，目前 GCC 可用于编译 C、C++、Fortran、Pascal、Objective-C、Java、Ada 等，此外，GCC 还能编译汇编语言。Unix 平台默认的编译器是 cc，使用方式与 GCC 类似。

C 语言编译生成的二进制可执行文件通常分为应用程序和库文件两种，其中，应用程序可以直接执行，库文件是多个目标文件的组合，通常来说不能直接执行，但其提供了多个功能的调用接口。在编译 C 语言时，链接进应用程序的称为静态库；在系统运行时，调用应用程序的称为动态库。

GCC 等 C 语言编译器简化了 C 程序员的工作，让他们能够将大部分精力放在处理程序与算法逻辑上来，但美中不足的是：C 语言编译生成的二进制程序比汇编器生成的程序要大，包含的指令也更多，因此程序执行效率要比汇编语言低，虽然 GCC 编译器拥有优化编译的功能，可提高生成机器代码的执行效率，但是其仍然无法与汇编代码汇编生成后的应用程序相比，因此，在执行效率要求很高的场合，仍然需要全部使用汇编语言编写或将汇编代码嵌入到 C 语言中。

3.3 小结

汇编语言与 C 语言是相辅相成的，汇编语言能够帮助 C 程序员提高代码质量，更好地参与数十万行以上 C 代码的复杂项目的开发；同时，C 语言代码中可以内嵌汇编语言，将程序中的关键部分用汇编语言来实现，从而进一步提高效率。本章首先简要介绍了 IA-32 指令构造、AT&T 汇编的作用与语法特点，然后以输出单个字符为例，讲解了 AT&T 汇编的编写、汇编以及链接过程，最后解说了程序的运行机制。

基 础 篇

　　我记得C语言就是程序员的冒险：有很多小坑，一不小心就会陷进去。即便很多年过后，仍然有一些我没有发现的小坑，那是个美好的时刻。

　　——Java之父　詹姆斯·高斯林

Chapter 4 第 4 章

指针基础

4.1　C 指针概述

在 C 语言中，指针不仅可以表示变量的地址，而且还可以存储数组、数组元素、函数、文件设备的地址。C 指针的主要特点具体如下。

1）通过一个变量声明时在前面使用"＊号"，表明这是个指针型变量，该变量存储了一个内存地址。

2）单目运算符"＊"（不是指代表乘法运算的双目运算符"＊"）是获取指向内容的操作符，用来获取内存地址里存储的内容。

3）单目运算符"＆"是获取地址的操作符，用来获取变量的地址。

以下面的代码片断为例，代码片断的第一行声明了整型变量 x，并赋予它初值 98，编译器会将 98 安排在运行栈中；第二行声明了一个指针变量，这个指针变量用于指向 x 的存储地址。

```
int x=98;
int *pointer=&x;
```

如图 4-1 所示，假设代码片断中变量 x（值为 98）的内存地址为 0x1088，那么 pointer 的内容也是 0x1088。

综上所述，指针的实质就是地址，这个地址指向内存的某处，许多操作都可以通过指针来完成。指针是 C 语言区别于其他高级语言的主要特征之一，也是 C 语言的独特之处。

```
0x1090  C6        int*pointer=&x
0x1080  A5
0x1088  98        int x=98
0x1084  ...
```

图 4-1　指针示例

但是，C 指针是一把双刃剑，例如，指针一般指向有效的内存地址，也可能会因为程序员的疏忽，指向无效的内存地址，如果它指向了一个无效的地址，则会给程序带来潜在的甚至致命的错误。因此，作为 C 程序员，在灵活运用指针的同时，必须要小心谨慎，以避免因此带来的麻烦，这样才能让 C 程序更加健壮与可靠。

4.2　C 指针基础

本节将以几个实例对指向标量、数组、结构、函数等类型的 C 指针进行讲解。

4.2.1　指向标量的 C 指针

标量是指仅含有单个值的变量，比如整型（int）、长整型（long）、浮点型（float）等普通类型以及指针类型的变量。

1. 指向地址的指针

以程序 4-1 为例，它定义了一个 int 型的整数，然后定义了 2 个指针，一个是 myp，另一个是 mypp。myp 和 mypp 都是指针变量，但指向的内容是不同的，myp 指向 x 的地址，mypp 指向 myp 的地址，通过 myp 可以找到 x，而通过 mypp 则不能立即找到 x，mypp 先找到 myp，然后再通过 myp 找到 x，因此，mypp 也称为指针的指针，也称指向地址的指针。程序 4-1 的代码具体如下：

程序 4-1　指向地址的指针

```
#include <stdio.h>
int main(void){
        int x;
        x=128;
        int *myp=&x;
        int **mypp=&myp;
        printf("x:%d\n",x);
        printf("myp:%p\n",myp);
        printf("mypp:%p\n",mypp);
        printf("mypp address:%p\n",&mypp);
        return 0;
}
```

编译并运行程序 4-1：

```
$ gcc test1.c -o test
$ ./test
x:128
myp:0xbfa67544
mypp:0xbfa67548
mypp address: 0xbfa6754c
```

程序 4-1 在开头处声明了两种指针，一种指针（即 myp）指向 int 型普通变量（即 x），一种指针（即 mypp）指向指针变量（即 myp）的内存地址，x、myp、mypp 这三个变量被连续声明，编译程序 4-1 时，GCC 会有意将它们的起始地址安排在连续的地址空间中，以便于程序执行完毕后释放内存空间。

程序 4-1 的最后几行分别将整型变量 x 与 myp、mypp 的内容以及 mypp 本身的地址通过 printf 语句输出，观察执行结果可以发现，myp 存放了 x 的内存地址 0xbfa67544，而 mypp 指向了 myp 的存取地址 0xbfa67548，下面用图 4-2 表示它们三者之间的关系。

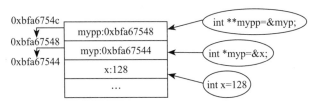

图 4-2　指向地址的指针

观察图 4-2，明显可以看出：mypp 存放了 myp 的地址，而 myp 存放了 x 的地址，x、myp、mypp 连续排列在地址为 0xbfa6754c 到 0xbfa67544 的堆栈空间中。

2. 取地址与解引用操作符

在 C 语言中，可以通过取地址操作符 "&" 获取变量的地址，解引用操作符 "*" 用于提取指针指向的内容，例如，在下面的代码中，变量 y_addr 通过 "&" 操作符获取 y 的地址后完成赋值，变量 z 通过 "*" 操作符取得变量 y_addr(存储着 y 的地址) 指向的内容（即变量 y 的值 88）后完成赋值。

```
int   y=88;
int   *y_addr=&y;
int   z=* y_addr;
```

下面再来看一个更复杂的例子，如程序 4-2 所示：

程序 4-2　取地址与解引用

```
#include <stdio.h>
int main(void){
      int x;
      x=128;
      int *myp=&x;
      int **mypp=&myp;
      printf("x:%d\n",x);
      printf("myp:%p\n",myp);
      printf("mypp:%p\n",mypp);
      printf("*myp:%d\n",*myp);
      printf("**mypp:%d\n",**mypp);
      return 0;
   }
```

　　程序 4-2 首先定义了整数 x，并赋值为 128，然后，在指针变量（即该变量的类型是指针，存储着内存地址）myp 中存放 x 的地址，在指针变量 mypp 中存放 myp 的地址，最后，依次输出 x、myp、mypp 的内容，这些都与程序 4-1 相似。不同之处在于程序 4-2 是使用"*myp"和"**mypp"获取 x 变量的值的，如以下代码片断所示：

```
printf("*myp:%d\n",*myp);
printf("**mypp:%p\n",**mypp);
```

　　编译并运行程序 4-2，结果如下：

```
x:128
myp:0xbfd1b794
mypp:0xbfd1b798
*myp:128
**mypp:128
```

　　可以看到，运行结果与前面的分析一致，myp 存储了 x 的地址，mypp 存储了 myp 的地址。通过解引用符，*myp 与 **mypp 获取了 x 的值 128。*myp 提取的是 x 的内容，**mypp 提取的也是 x 的内容，那么 *mypp 的值是多少呢？

　　答案是 *mypp 是 x 的地址 0xbfd1b794，原因在于：*mypp 与 **mypp 的解引用符的数量不同。

　　*mypp 通过一次解引用，访问 mypp 指示的地址，获取该地址的内容（内容为指针型），mypp 指向了 myp 的地址，myp 指向了 x 所在的内存地址，因此，对 mypp 进行一次解引用操作就可获得 myp 变量的值（即 x 的内存地址）。**mypp 拥有两个解引用符，第一个解引用符取出 mypp 中存储的 myp 的地址，第二个解引用符取出 myp 中存储的 x 值，对 mypp 的二次解引用操作会将变量 x 的内容取出，并使用参数"%d"指定了该内容的大小为 int（一般是 32 位，4 个字节），然后用 printf 语句将它输出到屏幕中。

　　可用图 4-3 表示上述看似复杂的地址关系。

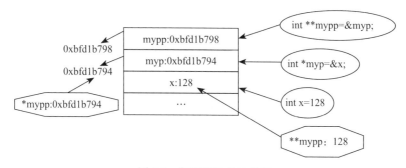

图 4-3　解引用的地址关系

　　观察图 4-3，可以看到 **mypp 与 *mypp 分别指向了 x 的值 128 与 x 的地址 0xbfd1b794。

3. 指针与指向内容的大小

（1）指针本身的大小

指针本身的大小由可寻址的字长来决定，以 32 位的 CPU 为例，每个地址均可用 32 位数值进行编码，也就是说用 32 位数值就可以代表程序中需要引用的任何地址。在计算机中，字是用来一次性处理事务的一个固定长度的位（也称比特，它指的是二进制的每一个 0 或 1，是组成二进制的最小单位）组，一个字的位数就是字长，它是计算机系统结构中的一个重要特性。通常，字长为 8 位数据的 CPU 称为 8 位 CPU，字长为 32 位数据的 CPU 称为 32 位 CPU，目前市面上的计算机其处理器大部分已达到 64 位。

C 语言使用指针存储地址，假设在 32 位 CPU 中使用 32 位编译器进行编译，那么指针的大小就是 32 位，这样 32 位 CPU 的寻址空间大小就是 2 的 32 次方，也就是 4G 左右（这里所说的内存地址均是指虚拟内存地址）。在图 4-3 中，x 的地址是 0xbfd1b794，它就是一个 32 位的地址（图 4-3 中的地址用十六进制表示，4 位二进制可转成十六进制，每位十六进制可表示 4 位二进制）。

（2）指针指向内容的大小

既然在 32 位 CPU 的 PC 中，每个指针均只有 32 位大小，那么 C 语言编译器如何知道这个指针所指向内容的大小呢？其奥秘在于，声明一个指针时，需要指定它所指向的数据类型，C 语言声明指针的格式通常为"指向数据的类型 * 变量名"。例如，int * 指定了它指向整型数据，指向的内容大小为 4 个字节，而 char * 指定了它指向字符型数据，指向的内容大小为 1 个字节。若指针指向的内容超过了 1 个字节，则默认为指向该内容的起始地址。

注意，在 32 位 CPU 中，数据类型的大小通常如下。

❏ char：1 个字节

❏ short int：2 个字节

❏ int：4 个字节

❏ unsigned int：4 个字节

❏ float：4 个字节

❏ double：8 个字节

❏ long：4 个字节

❏ long long：8 个字节

❏ unsigned long：4 个字节

❏ 指针类型：4 个字节

在 64 位 CPU 中，数据类型的大小通常如下。

❏ char：1 个字节

❏ short int：2 个字节

❏ int：4 个字节

❏ unsigned int：4 个字节

❏ float：4 个字节

❏ double：8 个字节

❏ long：8 个字节

❏ long long：8 个字节

❏ unsigned long：8 个字节

❏ 指针类型：8 个字节

 提示　现代操作系统都有虚拟内存系统，这使得应用程序认为它拥有连续的可用的内存（一个连续完整的地址空间），而实际上，它通常是被分隔成多个物理内存碎片，还有部分暂时存储在外部磁盘存储器上，通常是在需要时再进行数据交换，因此，在物理内存只有 2GB 的 PC 中，通过虚拟内存机制，内存可以扩展到 4GB。

4.2.2　指向数组的 C 指针

C 语言的数组属于非标量的复合类型，数组中可存放多个数组元素，每个数组元素可以是基本数据类型或复合类型，根据数组元素的类型不同，数组又可分为数值数组、字符数组、指针数组、结构数组等。数组的元素都具有相同的数据类型，这些元素使用同一个名字，但使用不同的编号，这个名字为数组变量名，编号为索引或下标（注意，C 语言的数组索引从 0 开始，而不是从 1 开始，比如，数组变量 y 共有 5 个元素，则 y[0] 表示第 1 个元素，y[1] 表示第 2 个元素，以此类推，y[4] 表示第 5 个元素）。

数组的每个元素在内存中都有相应的地址，这些地址都可以用指针变量进行存储，唯一的限制是，一个指针只能指向一个地址，如果想遍历数组的每个元素，则必须移动指针才能实现，而且每次移动后指针均指向元素的起始地址。程序 4-3 演示了通过移动指针逐个访问数组元素的方法，指针移动的方式是对指针本身进行加减运算，增加指针表示向后移动指针，减少指针则表示向前移动指针：

程序 4-3　指向数组的指针

```c
#include <stdio.h>
int main(void){
        int i;
        char x[20]="0123456789ABCDEFGHIJ";
        for (i=0;i<20;i++){
        printf("x[%d]:%c\n",i,x[i]);
        }
        char *p_x;
        for (p_x=&x[0];p_x<&x[20];p_x++){
                printf("%c",*p_x);
        }
        printf ("\n");
        return 0;
}
```

程序 4-3 首先创建了一个字符数组，然后，使用"x[i]"这种形式的索引访问数组元素，最后，指针 p_x 在数组 x 中移动，移动的方向是从前向后，在移动的同时，将指针所指向的字符输出到屏幕中。使用指针与索引方式的效果一样，指针可以指向数组的元素，在元素前加上取地址操作符"&"即可，比如，在程序 4-3 中，可通过"&x[0]"获取第一个元素的地址，通过"&x[1]"获取第二个元素的地址，通过"&x[2]"获取第三个元素的地址。

编译程序 4-3 之后，程序输出了数组 x 的内容，运行结果如下：

```
x[0]:0
x[1]:1
x[2]:2
x[3]:3
x[4]:4
x[5]:5
x[6]:6
x[7]:7
x[8]:8
x[9]:9
x[10]:A
x[11]:B
x[12]:C
x[13]:D
x[14]:E
x[15]:F
x[16]:G
x[17]:H
x[18]:I
x[19]:J
0123456789ABCDEFGHIJ
```

可用图 4-4 来形象地描述程序 4-3 中指针 p_x 是如何移动的，p_x 定义为"char *"类型，它是指向字符类型的指针，该指针指向的起始地址处存放着一个字节的字符，每向后移动一次指针 p_x，就向后移动一个字节。

从图 4-4 中可以明显地看出，程序 4-3 每次对 p_x 进行自增 1 的操作（代码中的"p_x++"），就会移动 1 个字节。

C 指针在数组元素中移动，每次移动经过的步长均为元素类型大小 × 指针增减数量。比如，在 int 型数组中，指针增加或减少 1，实际增减的地址为 4 个字节（int 型数组中每个元素均占 4 个字节的空间）；在 long long 型数组中，指针增加或减少 1，实际增减的地址为 8 个字节（long long 型数组每个元素均占 8 个字节的空间）。

在下面的代码中，int_px1 每次移动 1 个元素共 4 个字节，int_px2 每次移动 2 个元素共 8 个字节，ll_px 每次移动 2 个元素共 16 个字节，具体如下：

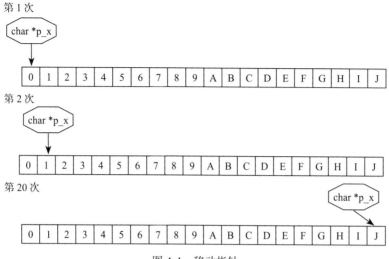

图 4-4 移动指针

```
int x={1,2,3,4,5,6,7,8,4,4,4,4};
long long y={11,21,32,40,105,86,79,28,48,412,47,40};
int * int_px1;
int * int_px2;
long long * ll_px;
for (int_px1=&x[0]; int_px1<&x[12]; int_px1++){
}
for (int_px2=&x[0]; int_px 2<&x[12]; int_px2+=2){
}
for (ll_px =&y[0]; ll_px <&y[12]; ll_px +=2){
}
```

4.2.3 指针数组

1. 指针数组

所谓指针数组就是数组的元素类型为指针，每个元素存放着一个内存地址。以程序 4-4 为例，它所完成的操作具体为：首先，通过 for 循环中的 "p_x[i]=&x[i]"，将数组 x 的每个元素的地址都赋值给指针数组 p_x 的每个元素，然后，以数组下标的方式访问指针数组 p_x 的所有元素，接着对这些元素应用解引用符，最后输出它们指向的数组 x 的元素。程序 4-4 的代码如下：

程序 4-4 指针数组

```
#include <stdio.h>
int main(void){
        int i;
        char x[10]="ABCDEFGHIJ";
```

```
        char *p_x[10];
        for (i=0;i<10;i++){
                p_x[i]=&x[i];
        }
        for (i=0;i<10;i++){
                printf("%c ",*p_x[i]);
        }
        return 0;
}
```

编译运行程序 4-4，程序输出了数组 x 的内容，结果如下：

A B C D E F G H I J

程序 4-4 中的 p_x 为指针数组，该数组的每个元素均指向数组 x 的对应元素，比如，p_x[0] 存放着 x[0] 的地址，p_x[1] 存放着 x[1] 的地址，等等，图 4-5 表示的是数组 p_x 与 x 之间的关系。

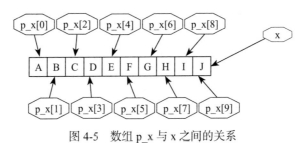

图 4-5 数组 p_x 与 x 之间的关系

2. 指向指针数组的指针

下面再来看一个稍微复杂一些的例子——指针指向指针数组。指针指向指针数组的含义是：指针数组的所有元素都是指针，有某个指针指向这个指针数组的某个元素的地址。

程序 4-5 是演示了指针指向指针数组的示例，它首先定义了指针 pp_x，并将其指向指针数组 p_x 的第一个元素，而指针数组 p_x 的元素则指向数组 x 中的某个元素；然后，通过 "pp_x++" 依次向后移动指针 pp_x，每次移动指针之后，pp_x 指向指针数组 p_x 的下一个元素，对 pp_x 应用二次解引用符 "*"，并依次取得数组 x 中元素的内容后输出到屏幕中。程序 4-5 的代码如下：

程序 4-5 指向指针数组的指针

```
#include <stdio.h>
int main(void){
        int i;
        char x[10]="ABCDEFGHIJ";
        char *p_x[10];
        for (i=0;i<10;i++){
                p_x[i]=x+i;
```

```
    }
    char **pp_x=NULL;
    for (i=0;i<10;i++){
            printf("%c ",*p_x[i]);
    }
    printf ("\n");
    for (pp_x=p_x;pp_x<(p_x+10);pp_x++){
            printf("%c    ",**pp_x);
    }
    return 0;
}
```

编译并运行程序 4-5，程序输出了数组 x 的内容，结果如下：

```
A B C D E F G H I J
A  B  C  D  E  F  G  H  I  J
```

程序 4-5 与程序 4-6 对 p_x 数组元素赋值的方式略有不同，程序 4-5 通过"p_x[i]=&x[i];"语句完成赋值，这条语句很好理解，将 x[i] 的地址赋值给 p_x[i]，而程序 4-6 则通过"p_x[i]=x+i;"语句完成赋值，变量 x 是一个数组，"x+i"表示获取数组的第 i 个元素（i 以 0 为起始）的地址。

pp_x 本质上是指向指针的指针，移动 pp_x 指针后，第一次解引用获取了 x 元素的地址，第二次解引用符则获取了 x 元素的值，可用图 4-6、图 4-7 和图 4-8 分别表示 pp_x 第一次、第二次和最后一次移动的过程。

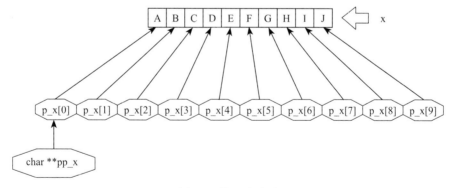

图 4-6　第一次移动

3. 指向了指向指针数组的指针的指针

下面再来定义一个更复杂的例子——指向了指向指针数组的指针的指针，名字有些长，但并不难理解，就是某个指针指向的地址中存放了另一个指向指针的指针。

程序 4-6 演示了指针指向了指向指针数组的指针。首先，程序定义了字符数组 x、指针数组 p_x 以及指向指针数组 p_x 的指针 pp_x，并对 p_x 字符数组的每个元素依次完成赋值，它的元素对应着数组 x 的元素；然后，程序定义了指向了指向指针数组 pp_x 的指针的指针 temp_x，对它应用 1 次解引用符，获取 pp_x 数组的某个元素，对该元素进行赋值，赋值的方式是：在 p_x 中，每隔 1 个元素获取得到 1 个元素，总共 5 个元素，这 5 个元素存放着字符数组 x 中对应元素的地址，将这些地址赋值给数组 pp_x 的每个元素；最后，定义指向指针的指针数组的指针 ppp_x，并将它指向 pp_x 的第 1 个元素，对 ppp_x 应用 3 次解引用符取得 pp_x 中存储的 5 个元素对应的字符数组 x 的元素值。程序 4-6 的代码具体如下：

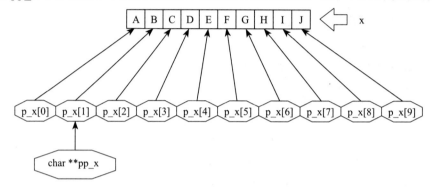

图 4-7　第二次移动

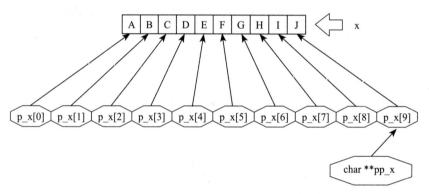

图 4-8　最后一次移动

程序 4-6　指向了指向指针数组的指针的指针

```c
#include <stdio.h>
int main(void){
        int i;
        char x[10]="ABCDEFGHIJ";
        char **pp_x[5];
        char *p_x[10];
        for (i=0;i<10;i++){
                p_x[i]=x+i;
        }
        char ***temp_x=pp_x;
```

```
for (i=0;i<10;i+=2){
        *temp_x=&p_x[i];
        temp_x++;
}
printf ("\n");
char ***ppp_x;
for (ppp_x=pp_x;ppp_x<(pp_x+5);ppp_x++){
        printf("%c   ",***ppp_x);
}
return 0;
```

程序 4-6 以 1 个元素为间隔依次输出数组 x 中的 5 个元素。程序最难于理解的地方在于如下的代码片断，它对 ppp_x 指针应用 3 次解引用符，获取数组 x 的元素值后输出到屏幕中：

```
printf("%c   ",***ppp_x);
```

以上代码片断的 3 次解引用符的作用在于：第 1 次解引用取得数组 pp_x 的对应元素，元素值为 p_x 中对应元素的地址；第 2 次解引用取得数组 x 中对应元素的地址；第 3 次解引用取得数组 x 的值。程序运行结果如下：

```
A   C   E   G   I
```

可用图 4-9 形象地描述 ppp_x、pp_x、p_x、x 之间的复杂关系。

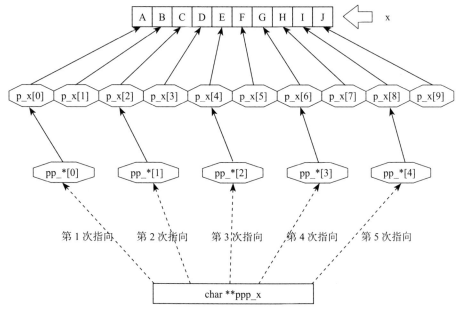

图 4-9 ppp_x、pp_x、p_x、x 之间的关系

4. 多维指针数组
（1）指向多维指针数组的指针

多维指针数组的指针比一维指针数组更灵活，因为它可以指定指向变量的最后一维的维数，程序 4-7 定义了指针 p_x，它指向内容的大小是最后一维的 5 个元素，因此，每次该指针的移动都以 5 个元素为单位。程序 4-7 的代码如下：

程序 4-7　多维指针数组

```
#include <stdio.h>
int main(void){
        int i;
        int x[2][5]={1,2,3,4,5,6,7,8,9,10};
        int (*p_x)[5];
        for (p_x=x;p_x<=(&x[1]);p_x++){
                printf("%d   ",*p_x[0]);
        }
        return 0;
}
```

程序 4-7 在定义指针 p_x 时，指定了它指向的内容为 5 个 int 整型数，每移动一次 p_x 指针，都将跳过 5 个整数；使用"%d"输出时，程序仅输出每一维的第一个元素，因为"%d"作为 printf 的参数，仅输出一个 32 位大小的整数。

编译并运行程序，运行结果如下：

1   6

对多维指针数组的灵活定义能够获得意想不到的效果：程序 4-8 定义的指针指向 2 个 int 整型数，这样就能以 5×2 大小的方式访问数组 x（虽然编译器会给出警告，但仍能编译通过），而 x 实际上为 2×5 大小，即 2 行 5 列的数组。

程序 4-8　对多维指针数组的灵活定义

```
#include <stdio.h>
int main(void){
        int i;
        int x[2][5]={1,2,3,4,5,6,7,8,9,10};
        int (*p_x)[2];
        for (p_x=x;p_x<&x[1][5];p_x++){
                printf("%d   ",*p_x[0]);
        }
        return 0;
}
```

编译程序 4-8，GCC 编译器会提示如下警告信息：

```
$gcc 4-8.c -o test
4-8.c: In function 'main':
4-8.c:6:17: warning: assignment from incompatible pointer type [enabled by
```

```
default]
    4-8.c:6:23: warning: comparison of distinct pointer types lacks a cast [enabled
by default]
```

运行编译后的程序，一切正常，运行结果如下：

```
$ ./test
1   3   5   7   9
```

但在实际应用中，应尽量避免使用这种方法，如果需要每隔 2 个元素进行一次访问，那么可以将指针指向多维数组的一个元素，每次以 2 为步长进行移动即可，如程序 4-9 所示：

程序 4-9　以 2 为步长进行移动

```c
#include <stdio.h>
int main(void){
        int i;
        int x[2][5]={1,2,3,4,5,6,7,8,9,10};
        int *p_x=&x[0][0];
        for (;p_x<&x[1][5];p_x+=2){
                printf("%d   ",*p_x);
        }
        return 0;
}
```

编译并运行程序 4-9，编译器没有提示警告信息，运行也正常：

```
$gcc 4-9.c —o test
$./test
1   3   5   7   9
```

（2）多维数组名代表指针

若不用下标，则可以直接引用多维数组名代表指针变量，它是一个指向最后一维长度的数组的指针。比如，假设 x 是一个 2×5 的数组，定义如下：

```c
int x[2][5];
```

可以不使用任何下标直接引用 x，此时，x 代表指向一个包括 5 个元素的数组的指针，每次将 x 增加或减少 1，都表示向前移动或向后移动 5 个元素。

下面以程序 4-10 为例进行解说，程序 4-10 通过直接引用数组名称，输出二维数组的所有元素，示例代码如下：

程序 4-10　多维数组名代表指针

```c
#include <stdio.h>
int main(void){
        int x[2][5]={{1,2,3,4,5},{6,7,8,9,10}};
        int i,j;
        for (i=0;i<2;i++){
                for (j=0;j<5;j++){
```

```
                    printf("%d   ",*(*(x+i)+j));
                }
        }
        return 0;
}
```

程序 4-10 中，*(x+i) 表示向后移动 i 次，表示以 5 个元素为单位进行移动，而 *(x+i)+j 中的 j 则是以 1 个单位进行移动，即先向后移动 i 次，每次移动 5 个元素单位，再向后移动 j 次，每次移动 1 个元素单位。

编译并运行程序 4-10，将依次输出二维数组 x 的所有元素：

```
$gcc 4-10.c -o test
$ ./test
1   2   3   4   5   6   7   8   9   10
```

4.2.4 函数参数中使用指针

1. 函数参数传址

C 语言的函数参数可分为传值与传址，其中，对非复合形式的非指针数据，在函数内部会生成参数的复制版，对这个复制版所做的所有修改，在函数退出后都将失效，也就是说修改无法改变参数本身的值，原因在于，这个复制版本身存储在程序栈中，函数运行完毕后，会释放栈空间；传址是指参数是复合类型（比如，数组、结构等）或者指针，传递给函数的是参数的内在地址，利用该地址，可以改变参数的值，实现参数传址。

程序 4-11 演示了 C 函数的参数传址，在 main 函数中，首先是初始化 x 与 y 的值，然后将它们的地址作为参数来调用 myswap 函数，myswap 函数内部以 temp 为中转变量，将 a 与 b 这 2 个参数互换。程序 4-11 代码如下：

程序 4-11 交换 2 个 int 整型

```
#include <stdio.h>
int main(void){
        int result;
        int x=50;
        int y=30;
        myswap(&x,&y);
        printf("x:%d-y:%d\n",x,y);
        return 0;
}
int myswap(int *a,int *b){
        int temp=*a;
        *a=*b;
        *b=temp;
}
```

编译并运行程序 4-11，x 和 y 在调用 myswap 前它们的值分别是 30 与 50，调用

myswap 之后，x 和 y 的值发生了交换。运行结果如下：

```
$gcc 4-11.c -o test
$ ./test
x:30-y:50
```

程序 4-11 将指向整型数的指针作为参数，还可以将指向任何复合类型的指针作为参数。比如，可以将指向数组的指针作为参数传递给 C 函数，程序 4-12 完成了将参数数组中所有元素相加求和的功能，代码如下：

程序 4-12　数组指针传址实现数组求和

```
#include <stdio.h>
int x[5]={1,2,3,4,5};
int main(void){
        int result;
        result=mysum(5,x);
        printf("%d\n",result);
        return 0;
}
int mysum(int length,int *data){
        int myresult=0;
        int i;
        for(i=0;i<length;i++){
                myresult+=*(data+i);
        }
        return myresult;
}
```

编译并运行程序 4-12，其结果如下：

```
$gcc 4-12.c -o test
$ ./ test
15
```

程序 4-12 的 mysum 函数接受 2 个参数，第 1 个参数是数组长度，第 2 个参数是指向数组的指针，目前没有较好的检查 C 语言的数组访问过界问题，因此，最好的办法是将要访问数组的长度显式传递给 mysum 函数以供处理，mysum 函数内部将通过一个 for 循环遍历数组的所有元素的地址，通过解引用符来获取地址指向的元素并进行累加。

 提示　mysum 函数遍历的方式是，以 data 指针（指向数组的起始元素）为基准，每次增加一个单位的偏移步长，以基准与偏移步长之和作为数组的每个元素的地址。

2. main 命令行参数

C 语言的 main 函数是主函数，也是程序执行的起始点，它的参数通常有两个：第一个参数是 argc，代表参数的个数；第二个参数是 argv，它是一个指向参数数组的指针，参数数组中的每个元素都是字符型的，因此，argv 声明为指向指针的指针。main 函数的参数从终端通过命令行进行传递。

程序 4-13 接受从命令行输入的参数，并在屏幕上输出参数的个数（注意：命令本身也是参数之一，它是第一个参数，所以 argc 至少为 1）。程序 4-13 代码如下：

程序 4-13　命令行输入参数

```
#include <stdio.h>
int main(int argc,char **argv){
        printf("%d\n",argc);
        return 0;
}
```

编译并运行程序 4-13，在命令行中，以 1 为参数，调用编译后的程序，程序提示调用参数的个数为 2（分别为命令 test 本身与 1，共有 2 个参数），结果如下所示：

```
$gcc 4-13.c -o test
$ ./ test 1
2
```

程序 4-14 没有使用 argc 参数，仅仅使用了 argv 参数，argv 是一个指针，其指向参数数组元素，利用 agrv 指针特点，可判断参数数组中参数的个数，具体方法是，循环向后移动 argv 指针，如果指针指向的内容为 null，则表示参数列表结束。

程序 4-14　仅使用 argv 参数

```
#include <stdio.h>
#include <stdlib.h>
int main(int argc,char **argv){
        while (*++argv!=NULL)
                printf("%s\n",*argv);
        return 0;
}
```

编译并运行程序 4-14，通过终端分别将"-a"与"-a 12 24"作为参数送入程序，程序中的 main 函数对 argv 实施解引用操作，依次获取 argv 指向的参数，输出到屏幕中，结果如下所示：

```
$gcc 4-14.c -o test
$ ./ test -a
-a
$./test -a 12 24
-a
12
24
```

4.2.5　常量指针

1. 字符串常量指针

字符串常量可以直接作为指针基址，加上偏移步长（向右跳过的字符数），可以得到余下的字符串的起始地址。程序 4-15 演示了对字符串常量指针直接进行运算的过程，加上 2，跳过"a"、"b"这两个字符，具体代码如下：

程序 4-15　字符串常量指针

```
#include <stdio.h>
int main(int argc,int **argv){
        printf ("%s","abcdefgh"+2);
}
```

编译并运行程序 4-15，程序输出了除前 2 个字符之外的剩余字符串，结果如下：

```
$gcc 4-15.c -o test
$./test
cdefgh
```

2. const 指针

const 类型定义的指针表示它指向的变量或对象的值是不能修改的。const 指针主要分为以下 3 类。

（1）指针指向的内容不可变，但指针本身可以改变

这类指针的特点是指针指向的地址可以改变，但地址所在的内容不能变。它的声明方式通常如下所示：

```
const int *a;
int const *a;
```

程序 4-16 声明了 2 个指针，一个是非常量指针 pr，一个是常量指针 cpr。程序首先通过 pr 遍历数组 a 的每个元素，将每个元素加 1，然后通过 cpr 再次遍历数组 a，并输出 a 的所有元素，具体代码如下：

程序 4-16　const 指针指向的内容不变

```
#include <stdio.h>
int main(int argc,char ** argv){
    int a[]={12,33,44,55,66,77,88,99};
    int *pr;
    for(pr=a;pr<=&a[7];pr++){
        (*pr)++;
    }
    const int* cpr;
    for(cpr=a;cpr<=&a[7];cpr++){
        printf("%d\n",*cpr);
```

```
    }
    return 0;
}
```

编译并运行程序 4-16，运行结果如下：

```
13
34
45
56
67
78
89
100
```

观察上述运行结果，通过非常量指针 pr 可对数组 a 的所有元素进行修改，数组 a 的每个元素均增加了 1，而常量指针 cpr 指向的内容则是无法修改的，cpr 指针本身可以修改，这就意味着 cpr 指向的地址是可以变化的，利用这个特点，程序 4-16 中的最后一个 for 循环通过 cpr 指针的移动，实现了对数组元素的遍历，在遍历过程中不能修改 a 的元素，仅能用它获取 a 的元素后输出。

将程序 4-16 稍作修改（如程序 4-17 所示），试图强行修改常量指针 cpr 指向的内容，看看会有什么样的结果：

程序 4-17　强行修改常量指针 cpr 指向的内容

```c
#include <stdio.h>
int main(int argc,char ** argv){
    int a[]={12,33,44,55,66,77,88,99};
    const int* cpr;
    for(cpr=a;cpr<=&a[7];cpr++){
        (*cpr)++;
        printf("%d\n",*cpr);
    }
    return 0;
}
```

编译程序 4-17，结果如下：

```
$gcc -o test 4-17.c
4-17.c: In function 'main':
4-17.c:6:9: error: increment of read-only location '*cpr'
```

上述编译结果表明，GCC 编译器报错，编译无法继续，程序 4-17 更不能运行了。

（2）指针本身不能变，指向的内容可以修改

这类指针的特点是指针指向的地址不能改变，但地址所在的内容可以改变。它的声明方式通常如下所示：

```
int *const a;
```

将程序 4-17 稍作修改，如程序 4-18 所示：

程序 4-18 指针本身不能变，指向的内容可修改

```
#include <stdio.h>
void plusplus(int  *const cpr){
    (*cpr)++;
}
int main(int argc,char ** argv){
    int a[]={12,33,44,55,66,77,88,99};
    int *pr;
    for(pr=a; pr<=&a[7]; pr++){
        plusplus(pr);
        printf("%d\n",*pr);
    }
    return 0;
}
```

编译并运行程序 4-18，程序将数组 a 的元素的每个元素加 1 后输出，运行结果如下：

```
13
34
45
56
67
78
89
100
```

程序 4-18 的 plusplus 函数将指针 cpr 声明为 int *const 类型，这种类型的指针虽然不能移动，但可以修改它指向的内容，这正好符合 plusplus 函数的本意，该函数的功能就是将传进来的参数加 1，而不能做其他越权的工作，比如说移动参数指针。

对于 int *const 类型指针，如果强行修改指针指向的地址，则将会出现错误。程序 4-19 试图移动 cpr 指针，结果失败，具体代码如下：

程序 4-19 尝试改变指针指向的地址

```
#include <stdio.h>
int main(int argc,char ** argv){
    int a[]={12,33,44,55,66,77,88,99};
    int *const cpr;
    for(cpr=a; cpr<=&a[7]; cpr++){
        printf("%d\n",*cpr);
    }
    return 0;
}
```

编译程序 4-19，可发现该程序无法通过编译，第 5 行试图修改指针指向的地址，被编

译器发现后报告错误，错误信息如下所示：

```
$ gcc -o test 4-19.c
4-19.c: In function 'main':
4-19.c:5:5: error: assignment of read-only variable 'cpr'
4-19.c:5:5: error: increment of read-only variable 'cpr'
```

（3）指针本身不能改变，指向的内容也不能改变

这类指针的特点是指针指向的地址不能改变，但地址所在的内容同样也无法改变。它的声明方式通常如下所示：

```
const int *const a;
```

程序 4-20 试图移动 const int *const 类型的指针 cpr，试图修改该指针指向的内容，均失败，具体代码如下：

程序 4-20　指针本身不能变，指向的内容也不能改变

```
#include <stdio.h>
int main(int argc,char ** argv){
    int a[]={12,33,44,55,66,77,88,99};
    const int *const cpr;
    for(cpr=a; cpr<=&a[7]; cpr++){
        (*cpr)++;
        printf("%d\n",*cpr);
    }
    return 0;
}
```

编译并运行程序 4-20，程序 4-20 的第 5 行试图移动指针 cpr，第 6 行试图修改 cpr 指向的内容，均被编译器发现，报告错误，无法编译，更无法运行。错误结果如下所示：

```
$ gcc -o test 4-20.c
4-20.c: In function 'main':
4-20.c:5:5: error: assignment of read-only variable 'cpr'
4-20.c:5:5: error: increment of read-only variable 'cpr'
4-20.c:6:9: error: increment of read-only location '*cpr'
```

4.2.6　函数指针

1. 函数指针

C 语言中的数据变量无论是在程序栈还是堆中，都拥有自己的内存地址，函数也一样，函数的代码也需要调入内存方可执行，它们在代码区中拥有自己的起始地址，因此，可以定义指针指向函数，存储函数的起始地址。可以通过如下格式来声明函数指针：

```
返回类型 (* 函数指针变量名)( 参数列表 )
```

程序 4-21 定义了 add 函数，它的功能就是将 2 个参数相加后，将结果作为函数的返回

值。此外，在 main 函数中，可通过下面的代码定义函数指针 myfunc：

```
int (*myfunc)(int a,int b);
```

myfunc 指针指向 add 函数的首地址，main 函数通过该指针调用 add 函数完成 2 个数的相加，调用 myfunc 的代码为：

```
int x=myfunc(12,36);
```

程序 4-21 演示了函数指针的基本用法，观察上面的代码片断可以发现，myfunc 指针仿佛成了 add 函数的别名，通过 myfunc 函数可以直接调用 add 函数，具体代码如下：

程序 4-21　函数指针

```
#include <stdio.h>
int add(int a,int b);
int main(void){
        int (*myfunc)(int a,int b);
        myfunc=add;
        int x=myfunc(12,36);
        printf("%d",x);
        return 0;
}
int add(int a,int b){
        return a+b;
}
```

编译并运行程序 4-21，运行正常，结果如下所示：

```
$gcc  4-21.c  -o test
$ ./test
48
```

利用函数指针机制，能让 C 语言模仿 C++ 的类，实现某种程度的面向对象编程。比如，程序 4-22 定义了一个特殊的结构体 mynum，该结构拥有一个函数指针 mod_add，其功能就是计算结构的 2 个数据成员 a 与 b 之和除以 13 的余数，并将结果放在结构的数据成员 result 中，具体代码如下：

程序 4-22　模仿 C++ 的类

```
#include <stdio.h>
struct mynum{
int a;
int b;
int result;
void (*mod_add)(int a,int b,int *result);
};
void madd(int a,int b,int *result){
        (*result)=(a+b)%13;
}
```

```
int main(void){
        struct mynum mnum;
        mnum.a=12;
        mnum.b=26;
        mnum.mod_add=madd;
        mnum.mod_add(mnum.a,mnum.b,&mnum.result);
        printf("%d\n",mnum.result);
        return 0;
}
```

程序 4-22 定义了 struct mynum 类型的结构体变量 mnum, 该结构体拥有 3 个整型数 a、b、result, 最为特别的是其还拥有一个函数指针 mod_add。整个结构体与 C++ 的类相似, 其中, mod_add 相当于类的方法, 而 a、b、result 相当于类成员, 整个 "类" 对计算 2 数之和与 13 的余数这一操作进行了封装, a、b 是 2 个需要计算的数, 而 result 则存放了计算结果。

程序 4-22 的 main 函数并不知道求和取余的细节, 通过调用结构变量 mnum 的 mod_add 方法完成计算, 相当于调用了封装好的类的方法完成相关操作。

2. 函数指针数组

函数指针数组是指以某数组的元素为指针, 这些指针均指向函数的起始地址, 这样做的好处是: 可以先定义若干函数, 然后将这些函数的起始地址放入指针数组中, 这样就可以通过指针数组中的元素, 方便地调用相关的函数执行。函数指针数组的定义方法如下所示:

返回类型 (* 函数指针变量名 [])(参数列表)

程序 4-23 结合函数指针数组与前面介绍的命令行参数, 完成了简单的四则运算, 运算需要的运算符与数字在终端以命令行的方式进行传送, 具体代码如下:

程序 4-23 函数指针数组

```
#include <stdio.h>
#include <stdlib.h>
int add(int a,int b){
        return a+b;
}
int sub(int a,int b){
        return a-b;
}
int main(int argc,char **argv){
        int (*operate_func[])(int,int)={
                add,sub};
        int myresult=0;
        int oper=atoi(*++argv);
        printf ("%d\n",oper);
        int mynum;
        while (*++argv!=NULL)
        {
                mynum=atoi(*argv);
```

```
                  printf ("%d  ",mynum);
                  myresult=operate_func[oper](myresult,mynum);
         }
         printf ("\n%d\n",myresult);
         return 0;
     }
```

编译并运行程序 4-23，程序首先输出命令行调用参数，然后完成 1、13 与 52 的累加以及累减计算，结果如下：

```
$gcc  4-23.c -o  test
$ ./test 0 1 13 52
0
1  13  52
66
$ ./mytest 1 1 13 52
1
1  13  52
-66
```

程序 4-23 定义了函数指针 int (*operate_func[])(int,int)，operate_func 是一个数组，所有的元素均是指针，第 1 个元素 operate_func[0] 指向 add 函数的起始地址，第 2 个元素 operate_func[1] 指向 sub 函数的起始地址。main 函数的第一个参数 argv[1] 用于存放操作符在函数指针数组 operate_func 中的索引，随后的参数则是参与操作的整数。

程序 4-23 利用了函数指针数组将加法与减法运算函数封装在一个数组 operate_func 中，这种巧妙的安排有助于通过命令行指定操作方式，命令行终端将实际操作符编号传递给 main 函数之后，main 函数即可根据调用参数，灵活选择 operate_func 数组中相应元素所代表的函数来执行。

4.2.7　文件指针

1. 文件指针及操作函数

C 语言通常用一个指针变量指向一个文件，该指针称为文件指针，通过文件指针就可以对它所指的文件进行各种操作。文件指针的定义通常如下：

```
FILE *指针变量标识符；
```

其中，FILE 为大写，它是由系统定义的一个结构，该结构含有文件名、文件状态和文件当前位置等信息，编写 C 程序时，不必知道这个结构的细节。

在 C 语言中，可使用 fopen 函数打开文件，fclose 函数关闭文件，fgets 读取文件的一行，fgetc 读取文件的一个字符，fputs 向文件写入字符串，fputc 向文件写入一个字符。下面分别详细介绍上述函数。

（1）fopen 函数

fopen 函数用于打开文件，文件顺利打开后，指向该流的文件指针将被返回。它的调用方式如下：

文件指针名 =fopen（文件名，使用文件方式）；

其中，使用文件的方式包含以下几种。

❏ "r"：只能从文件中读数据，该文件必须先存在，否则打开会失败。

❏ "w"：只能向文件写数据，若指定的文件不存在则创建它，如果存在则先删除它然后再重建一个新文件。

❏ "a"：向文件增加新数据（不删除原有数据），若文件不存在则打开失败，打开时位置指针将移到文件末尾。

❏ "r+"：可读/写数据，该文件必须先存在，否则打开会失败。

❏ "w+"：可读/写数据，用该模式打开一个新建文件，先向该文件写数据，然后就可读取该文件中的数据。

❏ "a+"：可读/写数据，原来的文件不被删去，位置指针移到文件末尾。

此外，打开二进制文件的模式与打开文本文件的含义类似，但需要在使用文件方式前加上字母 'b'，表示以二进制形式打开文件，比如，'wb' 表示以二进制方式写入文件。

（2）fclose 函数

fclose 函数可用于关闭文件流，并释放文件指针和相关的缓冲区。如果是以可写方式打开文件，则该函数会将缓冲区内剩余的数据输出到磁盘文件中。fclose 的调用方式如下所示：

fclose(文件指针名)；

（3）fgets 函数

fgets 函数从文件指针中读取数据，每次读取一行，读取的数据保存在字符指针指向的字符缓冲区中，每次最多读取（缓冲区大小 -1）个字符，最后一个字符是字符串的结束符 "\0"，函数执行成功将返回缓冲区指针，若失败或读到文件结尾则返回 NULL。它的调用方式如下：

fgets(指向字符缓冲区首地址的字符指针，字符缓冲区大小，文件指针)；

（4）fgetc 函数

fgetc 函数从文件指针指向的文件中读取一个字符，读取一个字节后，文件的位置指针（定位当前文件的内部位置）后移一个字节。fgetc 返回读取到的字符，若返回 EOF 则表示到了文件结尾，或者出现了错误。其调用方式如下所示：

fgetc(文件指针)；

（5）fputs 函数

fputs 函数向指定的文件写入一个字符串（不自动写入字符串结束标记符 ' \0'），成功

写入后，文件的位置指针会自动后移，函数返回为一个非负整数，否则返回 EOF。其调用
方式如下：

```
fputs( 字符串缓冲区首地址 , 文件指针 );
```

> **注意** fputs 是写入一个字符串，而不是写入一行，因此不会写入换行符，而 fgets 是读取一行字符串，会读入换行符。

（6）fputc 函数

fputc 将字符写到文件指针所指向的文件的当前写指针的位置，当正确写入一个字符或一个字节的数据后，文件内部写指针会自动后移一个字节的位置。其调用方式如下：

```
fputc ( 字符 , 文件指针 );
```

2. 文件指针实例

程序 4-24 读取命令行参数中的文本文件，并将它们的内容输出，代码如下：

程序 4-24　文件指针

```c
#include <stdio.h>
#include <stdlib.h>
int main(int argc,char **argv){
        int exit_status=EXIT_SUCCESS;
        while (*++argv!=NULL)
        {
                // 打开文件，如果出现错误，则显示错误信息
                FILE *input=fopen(*argv,"r");
                if (input==NULL){
                        perror(*argv);
                        exit_status=EXIT_FAILURE;
                        continue;
                }
                printf ("\n%s 内容如下: \n",*argv);
                int ch;
                while((ch=fgetc(input))!=EOF){
                        printf("%c",ch);
                        }
                if (fclose(input)!=0){
                        perror(*argv);
                        exit_status=EXIT_FAILURE;
                }

        }
        return exit_status;
}
```

编译并运行程序 4-24，将 4-1.c 的 C 源代码文件作为显示目标。从以下结果可以看出，一切正常，文本文件 4-1.c 的内容（包括换行符）被完整输出到屏幕中，结果具体如下：

```
$gcc 4-24.c -o test
$ ./test 4-1.c
#include <stdio.h>
int main(void){
        int x;
        x=128;
        int *myp=&x;
        int **mypp=&myp;
        printf("x:%d\n",x);
        printf("myp:%p\n",myp);
        printf("mypp:%p\n",mypp);
        printf("mypp address:%p\n",&mypp);
        return 0;
}
```

程序 4-24 首先定义了文件指针 input，调用 fopen 方法打开命令行参数指示的文本文件，并将 input 指向打开的这个文件；接着，为防止文件打开错误，对 input 指针进行判断，确保它不为 null（空指针）后，使用 fgetc 函数逐个获取文本文件的字符，然后 printf 函数将字符（包括换行符）原样输出到屏幕中，直到获取文件的 EOF 标志后整个过程结束；最后，以 input 指针为参数，调用 fclose 方法将打开的文件关闭。程序 4-24 所示的读取文件的整个流程如图 4-10 所示。

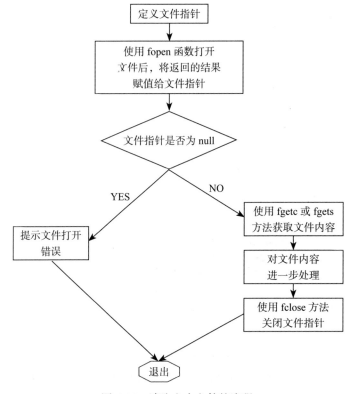

图 4-10　读取文本文件的流程

使用与程序 4-24 类似的流程，可多次读取不同的文件，程序 4-25 演示了向命令行传递若干个文本文件名，然后，在屏幕中分别将它们输出的具体代码：

程序 4-25 多次操作文本文件

```
#include <stdio.h>
#include <stdlib.h>
int main(int argc,char **argv){
        int exit_status=EXIT_SUCCESS;
        while (*++argv!=NULL)
        {
                // 打开文件，如果出现错误，则显示错误信息
                FILE *input=fopen(*argv,"r");
                if (input==NULL){
                        perror(*argv);
                        exit_status=EXIT_FAILURE;
                        continue;
                }
                printf ("\n%s 内容如下: \n",*argv);
                char mytext[500];
                while(fgets(mytext,500,input)!=NULL){
                        printf("%s",mytext);
                }
                if (fclose(input)!=0){
                        perror(*argv);
                        exit_status=EXIT_FAILURE;
                }

        }
        return exit_status;
}
```

与程序 4-24 类似，程序 4-25 将文件的整个操作过程放在一个 while 循环中，该循环分别读取命令行参数列表中的文件名后，打开这些文件，将内容输出到屏幕中，最后关闭文件。

程序 4-25 与程序 4-24 稍有不同的是：程序 4-25 没有使用程序 4-24 中的 fgetc 函数依次获取文本文件中的字符，而是使用 fgets 函数每次读取文本文件的一行，将读取的行放在字符缓冲区 mytext 中后，再使用 printf 语句输出缓冲区的内容。

编译并运行程序 4-25，分别输出 hello.txt 与 4-1.c 这两个文本文件的内容，从以下运行结果来看，运行正常：

```
$g cc 4-25.c -o test
$ ./ test hello.txt 4-1.c
```

```
hello.txt 内容如下:
你好，各位朋友，很高兴认识大家。
Google 是一家美国的跨国科技企业，致力于互联网搜索、云计算、广告技术等领域，开发并提供大量基于互
```

联网的产品与服务，其主要利润来自于 AdWords 等广告服务。

4-1.c 内容如下：

```
#include <stdio.h>
int main(void){
        int x;
        x=128;
        int *myp=&x;
        int **mypp=&myp;
        printf("x:%d\n",x);
        printf("myp:%p\n",myp);
        printf("mypp:%p\n",mypp);
printf("mypp address:%p\n",&mypp);
        return 0;
}
```

程序 4-24 与程序 4-25 以文本文件作为输入设备（可理解为输入源），读取它们的内容，输出到屏幕中。程序 4-26 以键盘作为输入设备，将录入的文字增加到文本文件末尾，录入字符串"%end%"表示输入结束。程序 4-26 代码如下：

程序 4-26 输入文字追加到文本文件

```
#include <string.h>
#include <stdio.h>
#include <stdlib.h>
int main(int argc,char **argv){
        int exit_status=EXIT_SUCCESS;
        while (*++argv!=NULL)
        {
                // 打开文件，如果出现错误，则显示错误信息
                FILE *output=fopen(*argv,"a");
                if (output==NULL){
                        perror(*argv);
                        exit_status=EXIT_FAILURE;
                        continue;
                }
                char mytext[500];
                int ch='\n';
                while (1){
                        printf(" 请输入文字: ");
                        scanf("%s",&mytext);
                        if (strcmp(mytext,"%end%")!=0){
                                fputs(mytext,output);
                                //scanf 函数不会读取换行符，因此加上换行符
                                fputc(ch,output);
                        }
                        else break;
                }
                if (fclose(output)!=0){
                        perror(*argv);
```

```
                            exit_status=EXIT_FAILURE;
                }

        }
        return exit_status;
}
```

程序 4-26 首先定义文件指针 output，并以"a"为最后参数调用 fopen 方法以追加写入方式，打开命令行参数指定的文件；然后，在确认 output 非 null 后，通过 scanf 函数获取键盘输入内容放置在字符缓冲区 mytext 中，再调用 fputs 函数以文件指针 output 作为参数之一，将字符缓冲区存放的字符行写入文件，并通过 fputc 函数将换行符（变量 ch）写入行末；最后，在接收到输入的"%end%"结束标志字符串后，停止写入文件，调用 fclose 方法关闭文件。程序 4-26 写入文件的流程如图 4-11 所示。

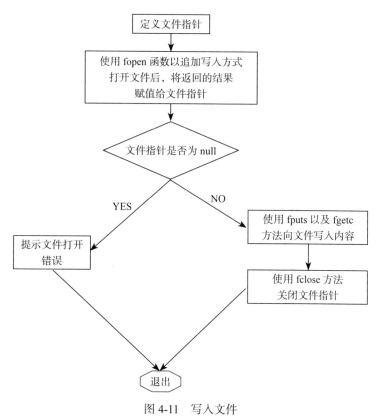

图 4-11 写入文件

下面就来运行一下程序 4-26，看看效果如何。

首先，编译程序 4-26，使用 cat 命令显示 hello.txt 文件的内容：

```
$gcc 4-26.c -o test
```

```
$ cat hello.txt
```
你好，各位朋友，很高兴认识大家。

Google 是一家美国的跨国科技企业，致力于互联网搜索、云计算、广告技术等领域，开发并提供大量基于互联网的产品与服务，其主要利润来自于 AdWords 等广告服务。

然后，运行程序 4-26，从键盘中录入一些文字，在 hello.txt 中追加内容：

```
$ ./ test hello.txt
```
请输入文字：你好，今天天气如何？
请输入文字：今天天气不错！
请输入文字：谢谢！
请输入文字：%end%

最后，再次使用 cat 命令显示 hello.txt 文件，可以发现，录入的文字被成功增加到文件末尾：

```
$cat hello.txt
```
你好，各位朋友，很高兴认识大家。

Google 是一家美国的跨国科技企业，致力于互联网搜索、云计算、广告技术等领域，开发并提供大量基于互联网的产品与服务，其主要利润来自于 AdWords 等广告服务。

你好，今天天气如何？
今天天气不错！
谢谢！

注意：程序 4-26 在写入文件时先使用 fputs 写入一行字符串，然后再使用 fputc 写入换行符，为什么要这样做？因为程序 4-26 使用 scanf 函数获取键盘录入，并将输入内容放置在调用它的参数之一 mytext 中，但换行符不会被获取，也不会出现在 mytext 中，而 mytext 是 fputs 函数的参数之一，同时也是要写入文件的内容，因此，需要人为地使用 fputc 函数在每行字符串后补充换行符"\n"。

4.3 小结

指针是 C 语言的核心，使用得当将大大提高程序的编写与运行效率。在 C 语言中，指针不仅可以表示变量的地址，而且还可以存储数组、数组元素、函数、文件设备的地址等，本章首先介绍了 C 指针的概念；然后以实例为主，分别讲解了指向标量、数组、函数、常量、文件的指针，并讲解了指针数组技术。

作为 C 程序员，在灵活运用指针的同时，必须要小心谨慎，以避免因此带来的麻烦，这样才能让 C 程序更加健壮与可靠。

第 5 章 *Chapter 5*

C 开发基础

5.1 编译与调试 C 程序

5.1.1 GCC 与 GDB

GCC 与 GDB 分别是编译工具与调试工具，它们与诸如 Vim、Emacs 之类的编辑器共同构成了 C 语言与汇编语言和开发工具"三剑客"。

GCC（GNU Compiler Collection）是一套由 GNU 开发的编程语言编译器，它以 GPL 许可证发行，GCC 原本是 GNU 操作系统的官方编译器，现已被大多数类 Unix 操作系统（如 Linux、BSD、Mac OS X 等）采纳为标准的编译器，除了 Linux/Unix 外，GCC 在 Windows 下还拥有相应的移植版本 MinGW。GCC 能编译 C、C++、Fortran、Pascal、Objective-C、Java、Ada 等语言。

GDB 是 GNU 开源组织发布的一个强大的 Unix 下的程序调试工具，虽然它本身不是图形界面形式，但在 Linux/Unix 平台下拥有比图形化调试器更强大的功能。借助 GDB 可以更好地完成如下调试工作。

1）启动你的程序，可以按照自定义的要求随心所欲的运行程序。

2）可让被调试的程序在指定的调试断点（可以为条件表达式）处停住。

3）停住程序时，可以检查此时程序中所发生的事。

4）动态地改变程序的执行环境。

提示 GDB 受限于仅拥有命令行接口（CLI）的情况已经得到改观，GDB 目前可以借助前端程序实现 GUI，例如 DDD、GDBtk / Insight 以及 Emacs 中的"GUD 模式"等。GDB 拥有 GUI 如虎添翼，能够与 Windows 平台下的 VS.NET 等集成发展环境相媲美。

1. GCC 编译与优化

使用 GCC 编译 C 语言源代码文件并生成可执行文件，一般可分为如下四个阶段。

1）预处理阶段：GCC 首先调用 cpp 进行预处理，在预处理过程中，对源代码文件中的文件包含（include）、预编译语句（如，宏定义 define 等）进行分析。

2）编译阶段：调用 cc1 进行编译，这个阶段将根据输入文件生成以 ".o" 为后缀的目标文件。

3）汇编阶段：针对汇编语言调用 as 进行工作，一般来讲，汇编语言源代码文件经过预编译和汇编之后都会生成以 ".o" 为后缀的目标文件。

4）链接阶段：将所有的目标文件都安排在可执行程序中的恰当位置，同时，把程序调用到的库函数从各自所在的档案库中连接到程序中合适的地方。

GCC 编译 C 代码会尝试用最少的时间完成编译，编译后的代码与源代码具有同样的执行顺序，这样做的好处在于编译后生成的代码更易于调试，坏处在于没有应用编译优化技术。因此，在调试完毕后，可使用 GCC 的选项进行优化编译，耗费更多编译时间产生更小更快的可执行文件，最典型的就是 "-O" 和 "-O2" 选项，其中 "-O" 选项表示对源代码进行基本优化；"-O2" 选项则告诉 GCC 产生尽可能小的和尽可能快的代码。

 提示 本书仅涉及 C 语言和汇编语言，对它们而言，GCC 遵循的约定为 C 源代码程序以 ".c" 为后缀，C 程序头文件以 ".h" 为后缀，编译后的目标文件以 ".o" 为后缀，汇编源代码程序以 ".s" 为后缀。

---

2. GDB 调试

下面以程序 5-1 为例，讲解 GDB 的基本使用方法。

（1）编译时生成调试信息

首先，准备需要调试的源程序，在编译的同时生成调试信息。

1）打开 Vim 或其他编辑器，编写如程序 5-1 所示的代码：

程序 5-1 GDB 调试

```
#include <stdio.h>
int main()
{
    int y=0;
    for (int i=0;i<10;i++){
        y+=i;
    }
    return 0;
}
```

程序 5-1 完成了对数字 0 ～ 9 的累加，结果存放在变量 y 中。

注意，前面几章中的 for 循环使用的循环变量需要提前定义，而程序 5-1 中的 for 语句则是使用"int i=0"定义的，并且初始化了循环变量 i，这是 C99 标准的语法，因此，需要通过"-std=c99"应用 C99 标准进行编译，否则就会出现错误。

2）编译程序 5-1，使用 -ggdb 选项生成 GDB 调试所用的信息：

```
$ gcc -ggdb -std=c99 -o test 5-1.c
```

3）启动 GDB，对程序 5-1 编译生成后的执行文件进行调试：

```
$ gdb test

GNU gdb (Ubuntu/Linaro 7.4-2012.04-0ubuntu2.1) 7.4-2012.04
Copyright (C) 2012 Free Software Foundation, Inc.
License GPLv3+: GNU GPL version 3 or later <http://gnu.org/licenses/gpl.html>
This is free software: you are free to change and redistribute it.
There is NO WARRANTY, to the extent permitted by law.  Type "show copying"
and "show warranty" for details.
This GDB was configured as "i686-linux-gnu".
For bug reporting instructions, please see:
<http://bugs.launchpad.net/gdb-linaro/>...
Reading symbols from /home/myhaspl/learn5/test...done.
(gdb)
```

 提示　启动 GDB 调试器调试程序的命令格式如下：

　　　gdb 可执行程序名

（2）GDB 命令行调试

GDB 使用命令行方式进行调试，下面列举了基本的调试操作。

1）列出源代码：

```
(gdb) list
1       #include <stdio.h>
2       int main()
3       {
4       int y=0;
5       for (int i=0;i<10;i++){
6                   y+=i;
7       }
8       return 0;
9       }
```

2）运行程序查看有无错误，观察以下调试结果，程序运行正常：

```
(gdb) run
Starting program: /home/myhaspl/learn5/test
[Inferior 1 (process 1661) exited normally]
```

3）退出 GDB：

```
(gdb) quit
```

4）启动 GDB 后，重新加载程序：

```
$gdb
(gdb) file test
```

5）使用 "break 行号" 的命令格式，设置调试断点：

```
(gdb) break 6
Breakpoint 1 at 0x80483ca: file 5-1.c, line 6.
```

断点是调试器的功能之一，可以让程序在需要的地方中断，从而方便对其进行分析。也可以在一次调试中设置断点，下一次只需要让程序自动运行到所设置的断点位置，便可在上次设置的位置处中断，这一点极大地方便了操作，同时又节省了时间。

6）运行程序，如果设置了调试断点，则会在断点处暂停：

```
(gdb) run
Starting program: /home/myhaspl/learn5/test

Breakpoint 1, main () at 5-1.c:6
6                    y+=i;
```

7）使用命令 c 继续运行：

```
(gdb) c
Continuing.

Breakpoint 1, main () at 5-1.c:6
6                    y+=i;
```

因为调试断点设计在程序 5-1 的第 6 行，这就意味着每次循环都会经过一次断点，所以，程序会再次跳到了 y+=i 处，但此时处于第 2 次循环状态。

8）监视变量。

首先，使用 watch 命令设置需要监控的变量：

```
(gdb) watch i
Hardware watchpoint 2: i
```

然后，查看变量的变化。i 为监控变量，前面通过 c 命令已经越过 1 次断点，i 的值应为 1，此时再次使用 c 命令，i 的值应由 1 变为 2：

```
(gdb) c
Continuing.
Hardware watchpoint 2: i

Old value = 1
New value = 2
0x080483d4 in main () at 5-1.c:5
5        for (int i=0;i<10;i++){
```

观察以上调试结果，Old value 的值为执行命令 c 之前变量 i 的值，而 New value 的值则为执行命令 c 之后变量 i 的值，和预想中的一样，变量 i 的值通过再次循环由 1 变成了 2，这表明程序编写是正确的，没有偏离本意。

以上演示了基本调试命令，表 5-1 列举了 GDB 常用的调试命令。

表 5-1　GDB 常用调试命令

命　　令	说　　明
file 文件名	在 GDB 中载入某可执行文件
break	设置断点
info	查看和可执行程序相关的各种信息
kill	终止正在调试的程序
print	显示变量或表达式的值
set args	设置调试程序的运行参数
delete	删除设置的某个断点或观测点
clear	删除设置在指定行号或函数上的断点
continue	从断点处继续执行程序
list	列出 GDB 中可加载的程序代码
watch	在程序中设置观测点
run	运行在 GDB 中可加载的程序
next	单步执行程序
step	进入所调用函数的内部，查看执行情况
whatis	查看变量或函数类型
ptype	显示数据结构定义情况
make	编译程序

GDB 使用的是命令行方式，这一点可能会让 Windows 程序员不太适应，Linux 下有一个称为 DDD（Data Display Debugger）的软件包，它相当于 Windows 系统下面的 Visual Studio。DDD 功能强大，可以选择行或在某个变量后进行 watch、break 等操作，操作简单方便，如图 5-1 所示，其中，右下部的面板分布着诸如 step、next、undo、kill 等流程调试按钮，可通过这些按钮实现类似 GDB 调试命令的操作。

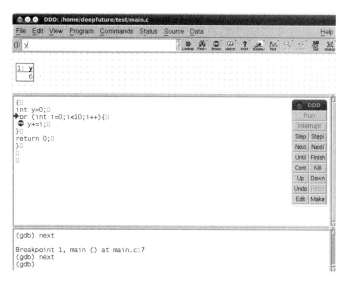

图 5-1　DDD 界面

5.1.2 make 工具与 makefile

1. make 工具

make 是一个工具程序，可读取称为"makefile"的文件，并自动构建软件。它是一种转化文件形式的工具，转换的目标称为"target"；与此同时，它也用于检查文件之间的依赖关系，如果需要的话，它还会调用一些外部软件来完成任务。它的依赖关系检查系统非常简单，主要是根据依赖文件的修改时间进行判断。大多数情况下，它被用来编译源代码，生成结果代码，然后把结果代码连接起来生成可执行文件或库文件。

makefile 的格式为：

```
# 用 "#" 号表明注释。
target（要生成的文件）: dependencies（被依赖的文件）
        # 命令前面用的是 "tab" 而非空格。
        # 误用空格是初学者最容易犯的错误!
        命令 1
        命令 2
        命令 3
           .
           .
           .
        命令 n
# 可以使用 "\" 表示续行。注意，"\" 之后不能有空格!
```

target 通常是我们要生成的文件的名字，摆放的顺序不重要，但第一个 target 是默认的 target。当 make 不带参数时，自动执行第一个 target。target 也可以是要求 make 完成的动作，执行这种 target 之后并不能得到与 target 同名的文件，因此，也称为伪 target（phony target）。

dependencies 是生成 target 所需的文件名列表。依赖可以为空，常用的"clean"target 就常常没有依赖，只有命令，命令是指任何一个 Shell 都能运行的命令。

提
示
在 Linux/Unix 系统中，make 工具默认使用"makefile"作为 makefile 的文件名，如果要使用其他文件作为 makefile，那么可利用如下格式的 make 命令指定 makefile 文件：

```
$ make -f 文件名
```

---

2. makefile 示例

首先，以"hello,world"为例说明 makefile 的使用方法。

打开 Vim 或其他编辑器，编写如程序 5-2 所示的代码：

程序 5-2　hello,world

```
#include <stdio.h>
int main(void)
```

```
{
printf ("hello,world!");
return 0;
}
```

然后，编译程序 5-2：

```
$ gcc 5-2.c -o test
$ ./ test
hello,world!
```

最后，编写 makefile 文件，实现 hello 程序的编译自动化。makefile 文件的内容具体如下：

```
test: 5-2.c
        gcc 5-2.c -o test
clean:
        rm test
```

上面的 makefile 文件中，clean 后没有被依赖的文件，因此不会被 make 自动执行，可以将这种情况理解为一种命令，当想要重新调用 make 编译 hello.c 时，可以主动调用 make clean 来清除编译。

3. make 依赖关系

make 依赖关系检查系统非常简单，主要是根据依赖文件的修改时间进行判断，如果修改时间比编译时的时间要新，那么才会重新编译，否则不会重新编译；如果需要调用 make 强行进行重新编译，那么就需要将编译后的目标文件删除。

编译运行程序 5-2 之后，再使用 clean 选项清除目标文件，这样就又可以再重新编译一次了：

```
$ make
gcc 5-2.c -o test
$ ./test
hello,world!
$ make clean
rm test
$ make
gcc 5-2.c -o test
```

4. makefile 变量

在 makefile 文件中可以使用变量，使用"变量名 = 值"的格式进行定义。定义变量后，可以使用"$(变量名)"的方式进行引用。

可以更改前面定义的 makefile 文件，将 hello 定义成变量，代码修改如下：

```
mytarget=test
$(mytarget): 5-2.c
        gcc 5-2.c -o $(mytarget)
```

```
clean:
        rm   $(mytarget)
```

修改后重新编译：

```
$ make -f makefile5-2 clean
rm   test
$ make -f makefile5-2
gcc 5-2.c -o test
$ ./ test
hello,world!
```

下面换一个稍微复杂一点的例子，编写加法程序 5-3，调用如程序 5-4 所示的头文件定义的 add 函数，完成加法计算，并在屏幕上输出结果：

程序 5-3　加法程序

```
#include <stdio.h>
#include "5-3.h"
int main(void)
{
printf ("hello,world!");
int aa=add(5,6);
printf ("the result is :%d\n",aa);
}
```

程序 5-4　头文件 5-3.h

```
int add(int a,int b){
return a+b;
}
```

makefile 的内容如下：

```
helloobject=5-3.o
hello:$(helloobject)
    gcc -o hello $(helloobject)
$(helloobject): 5-3.c  5-3.h
    gcc -c 5-3.c
clean:
    rm hello $(helloobject)
```

调用 make 进行编译，然后运行，结果如下：

```
$ make -f makefile5-3
gcc -c 5-3.c
gcc -o hello 5-3.o
$ ./hello
hello,world!the result is :11
```

5.2　GLib 函数库

　　GLib 是一个跨平台的、用 C 语言编写的库，起初它是 GTK+ 的一部分，但到了 GTK+ 的第 2 版，开发者决定将与图形界面无关的代码分开，于是这些代码就组装成了 GLib。因为 GLib 具有跨平台特性，所以用它编写的程序无须进行大幅度修改就可以在其他程序上编译和运行。

5.2.1　GLib 简述

　　GLib 库是 Linux 平台下最常用的 C 语言函数库，它具有很好的可移植性和实用性，它也是 Gtk + 库和 Gnome 的基础。GLib 可以在多个平台下使用，比如 Linux、Unix、Windows 等。GLib 为许多标准的、常用的 C 语言结构提供了相应的替代物，它在 C 语言开发中的地位相当于 C++ 的 Boost 库（含有丰富扩展功能的 C++ 语言标准库）。

　　下面以程序 5-5 为例讲解 GLib 的基本使用方法。程序 5-5 创建了 20 个 1～100 的随机数，显示在屏幕中，然后进行 30,000,000 次的累加计算，输出计算所用的时间。程序 5-5 代码如下：

程序 5-5　生成随机数并累加

```
#include <glib-2.0/glib.h>
int main(int argc, char *argv[])
{
    GRand *rand;
    GTimer *timer;
    gint n;
    gint i, j;
    gint x = 0;
    rand = g_rand_new();   // 创建随机数对象
    for(n=0; n<20; n++)
    {   // 产生随机数并显示出来
        g_print("%d\t",g_rand_int_range(rand,1,100));
    }
    g_print("\n");
    g_rand_free(rand);     // 释放随机数对象
    // 创建计时器
    timer = g_timer_new();
    g_timer_start(timer);// 开始计时
    for(i=0; i<10000; i++)
        for(j=0; j<3000; j++)
            x++;// 累计
    g_timer_stop(timer);// 计时结束
    // 输出计时结果
    g_print("%ld\tall:%.2f seconds was used!\n",x,g_timer_elapsed(timer,NULL));
}
```

　　下面就来对程序 5-5 进行逐行剖析。

第 1 行:

```
#include < glib-2.0/glib.h >
```

所有需要使用 GLib 库的程序都要引用头文件"GLib.h",如果安装了 GTK+(一种图形用户界面(GUI)工具包,支持创建基于 GUI 的应用程序),那么也可使用 GTK+ 的头文件"gtk.h"。

第 2 ～ 3 行:

```
int main(int argc, char *argv[])
          {
```

main 是主函数,argc 和 argv 分别表示参数的个数和参数列表。

第 4 行:

```
GRand *rand;
```

声明一个 GLib 库的随机数 GRand 类型的指针 rand,在 GLib 库中,GRand 声明如下:

```
typedef struct _GRand GRand;
```

通过 g_rand_* 系列函数可以访问 Grand 结构(* 代表函数名后缀),Grand 是 GLib 库中伪随机数部分的核心结构,g_rand_new、g_rand_new_with_seed 等函数用于创建伪随机数发生器,返回 Grand 结构变量指针。

第 5 行:

```
GTimer *timer;
```

GTimer 是 GLib 库的计时器,可用于计算两个时间点之间的间隔,可使用 g_timer_new() 创建 GTimer 并自动启动计时,也可使用 g_timer_destroy() 销毁 GTimer,或使用 g_timer_start() 再度启动计时。

第 6 ～ 8 行:

```
gint n;
gint i, j;
gint x = 0;
```

第 6 ～ 8 行定义 gint 整型变量 n、i、j、x,gint 是 GLib 库的整型数,它的声明格式如下:

```
typedef int   gint;
```

从以上声明中可以看出 gint 实质上就是 int 型,它的取值范围在 G_MININT 与 G_MAXINT 之间。

第 9 ～ 13 行:

```
rand = g_rand_new();    // 创建随机数对象
```

```
for(n=0; n<20; n++)
{    // 产生随机数并显示出来
     g_print("%d\t",g_rand_int_range(rand,1,100));
}
```

第 9 ～ 13 行首先通过 g_rand_new() 函数生成随机数对象，然后在 for 循环中产生 20
个随机数，g_rand_int_range() 函数以随机数对象 rand 以及 1 与 10 为参数生成 1 ～ 100 之
内的随机数。

第 14 ～ 15 行：

```
g_print("\n");
g_rand_free(rand);        // 释放随机数对象
```

第 14 行的 g_printf 相当于标准 C 库的 print 函数，g_printf 输出回车键；第 15 行通过
g_rand_free 函数以 rand 对象为参数，释放随机数对象 rand。

第 16 ～ 24 行：

```
// 创建计时器
    timer = g_timer_new();
    g_timer_start(timer);// 开始计时
    for(i=0; i<10000; i++)
        for(j=0; j<3000; j++)
            x++;// 累计
    g_timer_stop(timer);// 计时结束
    g_print("%ld\tall:%.2f seconds was used!\n",x,g_timer_elapsed(timer,NULL));
}
```

第 16 ～ 24 行通过计时器 timer 为累加操作计时。首先用 g _ t i m e r _ n e w ( ) 函数创
建计时器，然后使用 g _ t i m e r _ s t a r t ( ) 函数开始计时，再使用 g _ t i m e r _ s t o p ( )
函数停止计时，最后用 g _ t i m e r _ e l a p s e d ( ) 函数判定计时器的运行时间。

第 17 行通过 g_timer_new() 生成一个新的计时器 timer；第 18 行通过 g_timer_start 函
数以 timer 对象为参数，启动时间对象 timer 的计时功能；第 19 ～ 21 行完成 30000000 次
（内外循环共 10,000*3000 次）累加；第 22 行调用 g_timer_stop 函数结束完成累加后的计时，
第 23 行通过 g_timer_elapsed 函数获取累加使用的秒数。

编译程序 5-5：

```
$ gcc  5-5.c -o test `pkg-config --cflags --libs GLib-2.0 gthread-2.0`
```

然后执行：

```
$ ./mytest
96  24  52  87  52  16  62  17  78  62  76  6  33  53  87  3  40  69  20  33
30000000  all:0.08 seconds was used!
```

提
示　如果需要使用 GLib 库，则应该在程序中包含 GLib.h 头文件，此外，gtk.h 和 gnome.h
头文件中已经包含了 GLib.h。

5.2.2 GLib 基础

下面就来应用 GLib 库编写 21 点游戏，用实例讲解 GLib 基础知识。21 点游戏的规则为：随机抽取 1 ～ 11 共 11 个数字，每次玩家和电脑各抽 1 次，玩家和电脑可以宣布不再抽数字，所有数字之和超过 21 点者输，在 21 点以内，大者胜利。

1. 欢迎玩家

在游戏正式开始之前，需要玩家输入姓名，并输出欢迎信息，可使用 gchar 字符型来存储姓名与欢迎信息，使用 g_print 函数在屏幕上输出欢迎信息。

GLib 的 gchar 类型声明如下：

```
typedef char    gchar;
```

从声明上可以直观地看出，gchar 实质上就是标准 C 的 char 类型。

欢迎玩家的 C 代码如程序 5-6 所示：

程序 5-6　欢迎玩家

```
#include <glib-2.0/glib.h>
#include <stdio.h>
#include <locale.h>
int main(int argc, char *argv[]){
    setlocale(LC_ALL,"");
    gchar gamename[10];
    g_print("您叫什么名字？\n");
    scanf("%s",&gamename);
    g_print("欢迎您，%s,这里是 21 点游戏 \n",gamename);
    return 0;
}
```

编译并运行程序 5-6，提示玩家输入名字后，在屏幕上输出欢迎信息：

```
$ gcc  5-6.c -o test `pkg-config --cflags --libs glib-2.0 gthread-2.0`
$ ./mytest
您叫什么名字？
麦好
欢迎您，麦好，这里是 21 点游戏!
```

2. 引入随机数

游戏要求随机生成 1 ～ 11 之间的整数作为玩家和电脑抽取的结果，可使用 GLib 的随机数发生器产生随机数。

GLib 提供了 g_rand_new 函数创建随机数发生器，比如，下面的代码首先创建一个随机数发生器 gamerand，然后以 gamerand 为参数产生随机数：

```
gamerand = g_rand_new();
rndnumber=g_rand_int_range(gamerand,1,11);
```

产生的随机数可使用 GLib 的 gint 整型类型来存储，该类型的声明如下：

```
typedef int     gint;
```

从声明中可以明显看出 gint 实际上是 C 标准库的 int 型。

修改程序 5-6，内容如程序 5-7 所示，程序 5-7 首先接受玩家输入姓名，输出含有玩家名字的欢迎标语；然后，通过随机数发生器生成整型随机数，提示玩家"按键抽数字"；最后，将随机数发生器产生的随机数作为玩家抽到的数字。程序 5-7 代码如下

程序 5-7　引入随机数

```
#include <glib-2.0/glib.h>
#include <stdio.h>
#include <locale.h>
int main(int argc, char *argv[]){
    setlocale(LC_ALL,"");
    GRand *gamerand;
    gchar gamename[10];
    g_print(" 您叫什么名字？\n");
    scanf("%s",&gamename);
    g_print(" 欢迎您，%s, 这里是 21 点游戏 \n",gamename);
    g_print("%s, 请按键抽数字！ \n",gamename);
    getchar();
    getchar();
    gint rndnumber;
    gamerand = g_rand_new();
    rndnumber=g_rand_int_range(gamerand,1,11);
    g_print("%s, 您抽到的是：%d\n",gamename,rndnumber);
    g_rand_free(gamerand);
    return 0;
}
```

程序 5-7 通过 scanf 函数从标准输入（键盘）读入姓名，存储在变量 mename 中，使用 g_print 函数在屏幕中输出文本，随机数的产生方法是先使用 g_rand_new 生成随机数生成器，然后使用 g_rand_int_range 函数产生随机数，当程序执行完毕后，使用 g_rand_free 函数将随机数生成器释放（该操作很重要，否则将造成内存泄漏）。

编译并运行程序 5-7：

```
$ gcc  5-7.c -o test `pkg-config --cflags --libs glib-2.0 gthread-2.0`
$ ./mytest
您叫什么名字？
myhaspl
欢迎您，myhaspl, 这里是 21 点游戏
myhaspl, 请按键抽数字！
myhaspl, 您抽到的是：3
```

3. 轮流抽数判断输赢

21 点游戏的逻辑中有很多地方需要用到逻辑判断，比如，控制程序主循环的游戏是否结束的判断、控制玩家与电脑是否继续抽取数字的判断等，在 C 标准库中，通常的做法是，使用整型 int 来替换逻辑型变量：如果值为 0，则判定为逻辑假；如果为非 0，则判定为逻辑真。

GLib 库提供了逻辑型类型 gboolean，它的值为 TRUE 或 FALSE。改进程序 5-7，加入逻辑判断功能以控制电脑和玩家的轮流抽数，代码如程序 5-8 所示：

程序 5-8　轮流抽数判断输赢

```c
#include <glib-2.0/glib.h>
#include <stdio.h>
#include <locale.h>
int main(int argc, char *argv[]){
    //第 1 部分
    setlocale(LC_ALL,"");
    GRand *gamerand;
    gchar gamename[10];
    //第 2 部分
    g_print("您叫什么名字？\n");
    scanf("%s",&gamename);
    g_print("欢迎您，%s，这里是 21 点游戏\n",gamename);
    setbuf(stdin,NULL);
    //第 3 部分
    gint key=0;
    gint rndnumber;
    gint man_number,comp_number;
    gint man_count=0,comp_count=0;
    gboolean man_end=FALSE,comp_end=FALSE;
    gboolean gameover=FALSE;
    gamerand = g_rand_new();
    //第 4 部分
    do{
        //4-1 部分
        // 玩家抽数字
    if (!man_end){
            g_print("%s，按 Y/y 键抽数字，按其他键表示不再抽数字！\n",gamename);
            key=getchar();
            getchar();
            // 玩家抽数字
            if (key=='y'||key=='Y'){
                rndnumber=g_rand_int_range(gamerand,1,11);
                man_number=rndnumber;
                man_count+=man_number;
                g_print("%s,您抽到的是：%d\n",gamename,man_number);
            }else
            {
                g_print("玩家放弃抽数！\n",comp_number);
```

```
                    man_end=TRUE;
                }
            }
        //4-2 部分
        // 电脑抽数字
        if (comp_count<=17){
            rndnumber=g_rand_int_range(gamerand,1,11);
            comp_number=rndnumber;
            comp_count+=comp_number;
            g_print(" 电脑抽到的是: %d\n",comp_number);
        }else
        {
            g_print(" 电脑放弃抽数 !\n",comp_number);
            comp_end=TRUE;
        }
        // 第 5 部分

        if ((man_count>21 && comp_count>21)||(man_count<=21 && comp_count<=21 &&
man_count==comp_count && man_end &&comp_end)){
            g_print(" 平手 , 电脑 %d 点, %s  %d 点 \n",comp_count,gamename,man_count);
            gameover=TRUE;
        }
        else if ((man_count>21 && comp_count<=21)||(man_count<21 && comp_count==
21)) {
            g_print(" 电脑赢了 , 电脑 %d 点, %s %d 点 \n",comp_count,gamename,man_count);
            gameover=TRUE;
        }
        else if ((man_count<=21 && comp_count>21) ||(man_count==21 && comp_count<21)) {
            g_print(" 玩家赢了 , 电脑 %d 点, %s %d 点 \n",comp_count,gamename,man_count);
            gameover=TRUE;
        }
        else if (man_end && comp_end){
            man_count>comp_count?g_print(" 玩家赢了 , 电脑 %d 点, %s %d 点 \n",comp_count,
gamename, man_count):g_print(" 电 脑 赢 了 , 电 脑 %d 点, %s  %d 点 \n",comp_count, gamename,
man_count);
            gameover=TRUE;
        }
    }while(!gameover);
    g_rand_free(gamerand);
    return 0;
}
```

为便于理解程序 5-8，在此使用注释行标注功能块，它们依次如下。

第 1 部分为总体初始化部分。初始化 Grand 类型的随机数产生器 gamerand，以便生成电脑和玩家抽取的数；初始化 gchar 类型数组 gamename，用于存储玩家的姓名；此外，调用 setlocale 函数使程序编译后支持中文。

第 2 部分为显示欢迎信息。先通过 g_print 输出提示信息，然后通过 scan 函数读入玩家姓名并存储在 gamename 变量中，最后通过 g_print 向玩家输出问好的信息；此外，调用

setbuf 函数, 通过将第二个参数设为 null, 立即接收标准输入, 不需要进行缓存, 为下一步接收玩家抽数选择做准备。

第 3 部分初始化随机抽数的相关变量。gint 类型的 key 保存玩家的按键, gint 类型的 rndnumber 保存随机数, man_number 与 comp_number 为电脑和玩家抽取的随机数; man_end、comp_end 保存玩家和电脑抽数是否结束的信息; gameover 保存游戏是否结束的信息。此外, 还产生了随机数发生器保存在 gamerand 中。

第 4 部分为游戏的主循环部分, 游戏首先让玩家抽取一个数字, 然后由电脑抽取一个数字, 抽取数字将分别计入玩家和电脑的抽数总和, 并比较玩家和电脑抽数的总和, 在双方都不大于 21 的情况下, 谁的数字最大谁赢, 如果有一方数字大于 21, 则该方输, 最后, 输出游戏结果。其中, 4-1 部分为玩家抽数字部分, 首先, 通过 g_print 函数输出提示信息, 然后, 玩家按 Y/y 键确认继续抽取数字后, 通过 g_rand_int_range 函数产生 1 ~ 11 之间的随机数作为抽数结果, 最后, 通过 g_print 函数将抽取结果显示在屏幕上; 4-2 部分为电脑抽数部分, 首先判断目前电脑抽数总数是否超过 17, 如果超过 17 则放弃抽数, 否则继续抽数 (在 17 次以内游戏的胜算更大)。

第 5 部分在抽数完成后, 判断电脑和玩家双方的输赢。如果某一方超过 21 点则判定为输, 如果双方都不超过 21 点, 那么谁的数字最大谁胜利, 该部分是循环体的最后部分, 游戏判断输赢后, 将结束循环, 调用 g_rand_free 方法释放随机数对象, 并退出程序。

编译并运行程序 5-8:

```
$ gcc 5-8.c -o test `pkg-config --cflags --libs glib-2.0 gthread-2.0`
$ ./ test
您叫什么名字？
刘兴
欢迎您, 刘兴 , 这里是 21 点游戏
刘兴 , 按 Y/y 键抽数字 , 按其他键表示不再抽数字！
Y
刘兴 , 您抽到的是: 7
电脑抽到的是: 10
$$$$$$ 本轮结束 , 电脑 10 点 , 刘兴 7 点 $$$$$$
刘兴 , 按 Y/y 键抽数字 , 按其他键表示不再抽数字！
Y
刘兴 , 您抽到的是: 1
电脑抽到的是: 9

$$$$$$ 本轮结束 , 电脑 19 点 , 刘兴 8 点 $$$$$$
刘兴 , 按 Y/y 键抽数字 , 按其他键表示不再抽数字！
Y
刘兴 , 您抽到的是: 10
电脑放弃抽数！
$$$$$$ 本轮结束 , 电脑 19 点 , 刘兴 18 点 $$$$$$
刘兴 , 按 Y/y 键抽数字 , 按其他键表示不再抽数字！
Y
刘兴 , 您抽到的是: 7
```

电脑放弃抽数！

电脑赢了，电脑 19 点，刘兴　25 点

dp@dp: ～ /GLiblearn % ./21dian

您叫什么名字？

myhaspl

欢迎您，myhaspl，这里是 21 点游戏

myhaspl，按 Y/y 键抽数字，按其他键表示不再抽数字！

y

myhaspl，您抽到的是：2

电脑抽到的是：8

$$$$$$ 本轮结束，电脑 8 点，myhaspl 2 点 $$$$$$

myhaspl，按 Y/y 键抽数字，按其他键表示不再抽数字！

y

myhaspl，您抽到的是：2

电脑抽到的是：3

$$$$$$ 本轮结束，电脑 11 点，myhaspl 4 点 $$$$$$

myhaspl，按 Y/y 键抽数字，按其他键表示不再抽数字！

y

myhaspl，您抽到的是：5

电脑抽到的是：5

$$$$$$ 本轮结束，电脑 16 点，myhaspl 9 点 $$$$$$

myhaspl，按 Y/y 键抽数字，按其他键表示不再抽数字！

y

myhaspl，您抽到的是：2

电脑抽到的是：9

玩家赢了，电脑 25 点，myhaspl 11 点

4. 改造 21 点游戏

接下来，在程序 5-8 中引入 Glib 的字符串类型 GString，该类型结构包含了三个成员：保存字符串当前状态的 C 字符串，除去结束符的字符串长度，以及为字符串当前分配的内存数量。如果字符串增加到超出分配的内存长度，那么 GString 会自动为其分配更多的内存。

GString 结构定义如下：

```
typedef struct

{
    gchar *str;
    gsize len;
    gsize allocated_len;
} GString;
```

在玩家和电脑抽数后，仅显示本次抽到的数字，若需要在每次抽取后显示所有的数字，则可以使用 GString 完成含有多个数字的字符串的动态生成。创建一个新的 GString 的方式之一是利用 g_string_new() 函数，使用 g_string_append_printf() 将格式化的字符串附加到 GString 的结尾，并保持当前内容不变。

修改程序 5-8，利用 GString 完成抽取数字的保存，如程序 5-9 所示：

程序 5-9 改造 21 点游戏

```c
#include <glib-2.0/glib.h>
#include <stdio.h>
#include <locale.h>
//code:myhaspl@myhaspl.com
//date:2014-01-26
int main(int argc, char *argv[]){
    setlocale(LC_ALL,"");
    GString *man_list;
    GString *comp_list;
    man_list=g_string_new("玩家抽到的数字：");
    comp_list=g_string_new("电脑抽到的数字：");
    GRand *gamerand;
    gchar gamename[10];
        g_print("您叫什么名字？\n");
    scanf("%s",&gamename);
    g_print("欢迎您，%s,这里是21点游戏\n",gamename);
    setbuf(stdin,NULL);
    gint key=0;
    gint rndnumber;
    gint man_number,comp_number;
    gint man_count=0,comp_count=0;
    gboolean man_end=FALSE,comp_end=FALSE;
    gboolean gameover=FALSE;
    gamerand = g_rand_new();
    do{
        if (!man_end){
            g_print("%s,按Y/y键抽数字,按其他键表示不再抽数字!\n",gamename);
            key=getchar();
            getchar();
            // 玩家抽数字
            if (key=='y'||key=='Y'){
                rndnumber=g_rand_int_range(gamerand,1,11);
                man_number=rndnumber;
                man_count+=man_number;
                g_string_append_printf(man_list,"%d  ",man_number);
                g_print("%s,您抽到的是：%d\n",gamename,man_number);
            }else
            {
                g_print("玩家放弃抽数!\n",comp_number);
                man_end=TRUE;
            }
            }
        // 电脑抽数字
        if (comp_count<=17){
            rndnumber=g_rand_int_range(gamerand,1,11);
            comp_number=rndnumber;
            comp_count+=comp_number;
            g_string_append_printf(comp_list,"%d  ",comp_number);
            g_print("电脑抽到的是：%d\n",comp_number);
```

```
                }else
                {
                    g_print(" 电脑放弃抽数 !\n",comp_number);
                    comp_end=TRUE;
                }
                g_print("$$$$$ 本轮结束 , 双方明细 $$$$$\n");
                g_print("%s\n",man_list->str);
                g_print("%s\n",comp_list->str);
                if ((man_count>21 && comp_count>21)||(man_count<=21 && comp_count<=21 &&
man_count==comp_count && man_end &&comp_end)){
                        g_print(" 平手 , 电脑 %d 点 , %s %d 点 \n",comp_count,gamename,man_count);
                        gameover=TRUE;
                }
                else if ((man_count>21 && comp_count<=21)||(man_count<21 && comp_
count==21)) {
                        g_print(" 电脑赢了 , 电脑 %d 点 , %s %d 点 \n",comp_count,gamename,man_count);
                        gameover=TRUE;
                }
                else if ((man_count<=21 && comp_count>21) ||(man_count==21 && comp_
count<21)) {
                        g_print(" 玩家赢了 , 电脑 %d 点 , %s %d 点 \n",comp_count,gamename,man_
count);
                        gameover=TRUE;
                }
                else if (man_end && comp_end){
                        man_count>comp_count?g_print(" 玩家赢了 , 电脑 %d 点 ,%s %d 点 \n",comp_count,
gamename,man_count):g_print(" 电脑赢了 , 电脑 %d 点 , %s  %d 点 \n",comp_count, gamename,man_
count);
                            gameover=TRUE;
                }
                else
                {
                        g_print("\n$$$$$ 电脑 %d 点 , %s %d 点 $$$$$\n",comp_count,gamename,man_
count);
                }
        }while(!gameover);
        g_string_free(man_list,TRUE);
        g_string_free(comp_list,TRUE);
        g_rand_free(gamerand);
        return 0;
    }
```

编译并运行程序 5-9，由于引入了 GString 类型，每次抽数完成后，都显示包括本次在内抽取到的所有数字，结果如下所示：

```
$gcc  5-9.c -o test `pkg-config --cflags --libs glib-2.0 gthread-2.0`
$./ test
您叫什么名字 ?
myhaspl
欢迎您, myhaspl, 这里是 21 点游戏
```

```
myhaspl,按Y/y键抽数字,按其他键表示不再抽数字!
y
myhaspl,您抽到的是:8
电脑抽到的是:8
$$$$$$ 本轮结束,双方明细 $$$$$$
玩家抽到的数字:8
电脑抽到的数字:8

$$$$$$ 电脑8点,myhaspl 8点 $$$$$$
myhaspl,按Y/y键抽数字,按其他键表示不再抽数字!
n
玩家放弃抽数!
电脑抽到的是:1
$$$$$$ 本轮结束,双方明细 $$$$$$
玩家抽到的数字:8
电脑抽到的数字:8  1

$$$$$$ 电脑9点,myhaspl 8点 $$$$$$
电脑抽到的是:7
$$$$$$ 本轮结束,双方明细 $$$$$$
玩家抽到的数字:8
电脑抽到的数字:8  1  7

$$$$$$ 电脑16点,myhaspl 8点 $$$$$$
电脑抽到的是:2
$$$$$$ 本轮结束,双方明细 $$$$$$
玩家抽到的数字:8
电脑抽到的数字:8  1  7  2

$$$$$$ 电脑18点,myhaspl 8点 $$$$$$
电脑放弃抽数!
$$$$$$ 本轮结束,双方明细 $$$$$$
玩家抽到的数字:8
电脑抽到的数字:8  1  7  2
电脑赢了,电脑18点,myhaspl 8点
```

5.2.3 GLib 数据类型及标准宏

GLib 大大丰富了 C 语言的数据类型,有了 GLib 的帮助,C 程序员可以轻松构造更多的数据类型,能享受到 C++ 程序员的"快乐"。GLib 的数据类型如表 5-2 所示。

表 5-2 GLib 的数据类型

类型	描　述
gboolean	由于 C 语言没有提供布尔数据类型,所以 GLib 提供了 gboolean,可以设置为 TRUE 或 FALSE
gchar（guchar）	与标准 C 的 char（unsigned char）类型一致
gconstpointer	一个指向常量的无类型指针。这种指针指向的数据不能改变。因此,它通常用于函数原型,表明这个函数不会改变该指针指向的数据

（续）

类型	描　　述
gdouble	与标准 C 的 double 类型一致。取值范围从 -G_MAXDOUBLE 到 G_MAXDOUBEL。G_MINDOUBLE 指的是 gdouble 可以储存的最小正数
gfloat	与标准 C 的 float 类型一致。可能的取值范围从 -G_MAXFLOAT 到 G_MAXFLOAT。G_MINFLOAT 指的是 gfloat 可以储存的最小正数
gint（guint）	与标准 C 的 int（unsigned int）类型一致。有符号的 gint 类型的值必须在 G_MININT 到 G_MAXINT 的范围内。guint 的最大值为 G_MAXUINT
gint8（guint8）	被设计为在所有平台上都为 8 位的有符号和无符号整型。gint8 的取值范围为 −128 到 127（G_MININT8 到 G_MAXINT8），guint8 的取值范围为 0 到 255（G_MAXUINT8）
gint16（guint16）	被设计为在所有平台上都为 16 位的有符号和无符号整型。gint16 的取值范围为 −32 768 到 32 767（G_MININT16 到 G_MAXINT16），guint16 的取值范围为 0 到 65 535（G_MAXUINT16）
gint32（guint32）	被设计为在所有平台上都为 32 位的有符号和无符号整型。gint32 的取值范围为 −2 147 483 648 到 2 147 483 647（G_MININT32 到 G_MAXINT32），guint32 的取值范围为 0 到 4 294 967 295（G_MAXUINT32）
gint64（guint64）	被设计为在所有平台上都为 64 位的有符号和无符号整型。gint64 的取值范围为 -2^{63} 到 $2^{63}-1$（G_MININT64 到 G_MAXINT64），guint64 的取值范围为 0 到 $2^{64}-1$（G_MAXUINT64）
glong（gulong）	与标准 C 的 long（unsigned long）类型一致。glong 的取值范围从 G_MINLONG 到 G_MAXLONG。gulong 的最大值为 G_MAXULONG
gpointer	一个定义为 void* 的无类型指针，只是为了看上去比标准的 void* 好看
gshort（gushort）	与标准 C 的 short（unsigned short）类型一致。glong 的取值范围从 G_MINSHORT 到 G_MAXSHORT。gushort 的最大值为 G_MAXUSHORT
gsize（gssize）	无符号和有符号的 32 位整型。在许多数据结构中用来代表大小。gsize 被定义为 unsigned int，gssize 被定义为 signed int

此外，GLib 还提供了标准宏，实现了常用的 C 功能函数，如表 5-3 所示。

表 5-3　GLib 标准宏

宏	描　　述
ABS(a)	返回 a 的绝对值。这个宏只是简单地返回去掉符号的负数，对正数不进行任何操作
CLAMP(a,low,high)	确认 a 是否在 low 和 high 之间。如果 a 不在 low 和 high 之间，那么将会返回与 low 和 high 之间与 a 比较接近的那个，否则就返回 a
G_DIR_SEPARATOR G_DIR_SEPARATOR_S	在 UNIX 系统中，目录用斜杠（/）来进行分隔，在 Windows 系统中，用的是反斜杠（\），G_DIR_SEPARATOR 以字符类型返回一个适当的分隔符，而 G_DIR_SEPARATOR_S 返回的则是一个字符串
GINT_TO_POINTER(i) GPOINTER_TO_INT(p)	将一个 gpointer 转换成一个整数，或将一个整数转换成一个 gpointer。整数中只有 32 位将会被储存。你一定要避免对占用空间超过 32 位的整数使用这些宏。记住不能在整数中储存指针，这些宏仅仅是允许你以指针的形式储存整数

（续）

宏	描　　述
GSIZE_TO_POINTER(s) GPOINTER_TO_SIZE(p)	把 gsize 转换成 gpointer 或者把 gpointer 转换成 gsize。如果想把 gsize 的值从指针转换回来，那么其事先必须已经通过 GSIZE_TO_POINTER() 被储存指针，请参见 GINT_TO_POINTER()
GUINT_TO_POINTER(u) GPOINTER_TO_UINT(p)	把一个无符号整数转换成 gpointer，或者把 gpointer 转换成无符号整数。如果想把整数从指针转换回来，那么其事先必须已经通过 GUINT_TO_POINTER() 被储存为指针，请参见 GINT_TO_OPOINTER()
G_OS_WIN32 G_OS_BEOS G_OS_UNIX	这三个宏允许你定义只能运行在特定平台的代码。只有与用户使用的操作系统一致的那个宏会被定义，所以可以用"#ifdef G_OS_*"来编写只能用于用户的平台的代码。
G_STRUCT_MEMBER_P(struct_p, offset)	返回一个指向在结构体内偏移量为 offset 的成员的无类型指针，偏移量必须在 struct_p 的范围之内
G_STRUCT_OFFSET(type, member)	返回一个成员在结构体内的偏移量。type 用于指明结构体的类型
MIN(a, b) MAX(a, b)	计算 a 和 b 两个数值中的最小值和最大值
TRUE 和 FALSE	FALSE 被定义为 0，TRUE 为 FALSE 的逻辑非。这两个值被 gboolean 所使用

5.3　内存管理

5.3.1　glibc 的内存管理

glibc 实现了 malloc，它实现了 Linux 系统的堆管理，在 Linux 中没有专有的所谓的 API，所有的调用几乎都以 C 库为根本，因此 glibc 显得尤为重要，glibc 的实现抛开自己的独特策略不说，它与 Windows 的实现是一样的，都是维护一个全局的链表，然后每一个链表元素都由固定大小的内存块或者不固定大小的内存块组成。

从操作系统的角度来看，进程分配内存共包含两种方式，分别由两个系统调用完成：brk 和 mmap（不考虑共享内存）。brk 是将数据段（.data）的最高地址指针 _edata 往高地址推；mmap 是在进程的虚拟地址空间中（堆和栈中间，称为文件映射区域的地方）找一块空闲的虚拟内存。下文将介绍 glibc 内存管理的主要函数。

提示：brk 和 mmap 方式分配的都是虚拟内存，而没有分配物理内存。

1. calloc、malloc 和 realloc 函数

调用 calloc、malloc 和 realloc 函数可以申请分配内存空间，但如果要连续调用它们，则不能保证空间是顺序或连续的。分配成功后，函数将返回一个指针，这个指针将指向分配成功的空间的开始位置，它可以指向任意类型的对象，若空间分配失败，则返回 NULL 指针。

下面是这些函数的原型和调用方法：

（1）calloc

calloc 函数为 nmemb 个对象的数组分配空间，每个元素的大小为 size，分配的空间所有位均被初始为 0。函数的原型如下：

```
void *calloc(size_t nmemb,size_t size);
```

（2）malloc

malloc 函数分配长度为 size 字节的内存块。如果分配成功则返回指向被分配内存的指针，否则返回空指针 NULL。当内存不再使用时，应使用 free() 函数将内存块释放。函数的原型如下：

```
void *malloc(size_t  size);
```

（3）realloc

realloc 函数改变 ptr 所指内存区域的大小为 size 长度。如果重新分配成功则返回指向被分配内存的指针，否则返回空指针 NULL。当内存不再使用时，应使用 free() 函数释放内存块。新分配空间比原空间大，并且还包括了原空间的内容，但因为分配新空间，没有初始化 0 的操作，所以新空间中除去旧空间的部分的内容不能保证清空为零。函数的原型如下：

```
void *realloc(void *ptr, size_t size);
```

2. free 函数

通过 calloc、malloc 和 realloc 函数分配的空间可以通过 free 函数释放，虽然现代 PC 的内存越来越大，硬件越来越便宜，但内存空间仍然很宝贵，如果一味地索要内存空间，却不归还给操作系统，很快就会导致可用内存不足，直到系统崩溃。

free 函数释放指针 ptr 所指向的内存空间。ptr 所指向的内存空间必须是用 calloc、malloc、realloc 所分配的内存空间。如果 ptr 为 NULL，或者指向不存在的内存块则不做任何操作，释放的空间还可以被重新分配。函数的原型如下：

```
extern void free(void *ptr);
```

5.3.2　内存分配机制

1. 对象存储空间

C 语言中的数据对象主要存储在如下 3 种空间中。

1）程序在开始执行之前，分配静态存储空间，并进行初始化，如果没有指定数据对象的初始值，则每个对象的值都将初始化为零。这样的数据对象在程序结束前一直存在。

2）程序在每一个程序块的入口处分配动态存储空间。如果没有指定数据的初始值，那么它的初始内容是不确定的，可能会是上次程序使用过并释放的内存内容（释放内存本身并不会清空内存中的数据，只是标记这块内存操作系统可重新使用）。这些数据对象在程序块执行完毕前一直存在。

3）调用 calloc、malloc、realloc 时，程序才分配可由程序员人为操纵的存储空间，只有当调用 calloc 时，空间才被初始化。这样分配的**数据对象要通过 free 函数释放**，否则就会生存到程序结束。

malloc 函数是内存分配的核心，realloc 函数内部通过调用 **malloc 函数申请更大的内存空间**，calloc 函数也是如此，首先通过调用 malloc 函数申请空间，然后将空间初始化为 0。通常来说，在大多数操作系统（流行的 UNIX/Linux 系统、MAC OS 以及 Windows）中，malloc 函数的运作原理具体如下：它有一个将可用的内存块连接为一个长长的列表的所谓空闲链表。调用 malloc 函数时，它将沿连接表寻找一个大到足以满足用户请求所需要的内存块。然后，将该内存块一分为二（一块的大小与用户请求的大小相等，另一块的大小就是剩下的字节）。接下来，它将分配给用户的那块内存传给用户，并将剩下的那块（如果有的话）返回到连接表上。调用 free 函数时，它将用户释放的内存块连接到空闲链上。到最后，空闲链会被切成很多的内存碎片，当用户申请一个大的内存片段时，空闲链上已没有可供分配的内存了，malloc 函数在空闲链上整理各个内存片段，将相邻的小空闲块合并成较大的内存块，等等，最大可能地整理出所需的内存空闲空间，并返回，如果整理后，仍无法满足所需空间大小的要求，则操作失败，**返回 NULL 接针**。

2. 堆的原理

静态存储空间存在于程序的整个执行过程中，**动态存储**空间是后进先出，可通过栈实现。动态存储空间经常与函数调用和返回数据一起使用堆栈。可被人为操纵的**存储**空间不遵守这个规定。C 语言的标准库维护着一种称为"堆"的空间池来控制被 calloc、malloc、realloc 函数分配的存储空间。

堆中分配的每块内存都应被 free 函数释放，free 函数要释放内存块，就意味着它必须知道要释放多大的内存块，然后调用该函数，这里并没有将需要释放的内存大小告诉它，因此，必须要有一种数据结构记录每个已经分配的内存块的信息，同时在堆内存的多次释放与申请过程中，必然会形成很多内存碎片，形成很多数据对象间的小空间，从而减少了堆的实际可用空间。

3. Jemalloc 内存分配机制

（1）Jemalloc 历史

Jemalloc 的创始人 Jason Evans 在 FreeBSD 是很有名的开发人员，其在 2006 年为提高低性能的 malloc 而编写了 Jemalloc。Jemalloc 是从 2007 年开始以 FreeBSD 标准引进来的，很多软件技术革新都是 FreeBSD 发起的，在 FreeBSD 中广泛应用的技术会慢慢导入 Linux 中，也就是说现在常见的 Linux 系统都可以使用 Jemalloc 内存分配机制。

（2）Jemalloc 优势

Jemalloc 分配机制的优势是尽量减少内存碎片，提供可伸缩的并发支持，与此同时，进行稳定高效的内存分配。Jemalloc 分配机制包括领域（arena）、块（chunk）、执行（bin）、运行（run）、线程缓存（thread cache，简写为 tcache）等部分。

图 5-2 展示了 Jemalloc 在多处理器下的实验结果，其中 x 轴表示线程数量，y 轴表示性能。实验结果表明随着线程数的增加，Jemalloc 的内存分配性能一直保持稳定，但是 dlmalloc、phkmalloc 内存分配机制的性能呈下降趋势。在线程量较大时，dlmalloc、phkmalloc 分配内存的效率相对 Jemalloc 低下。

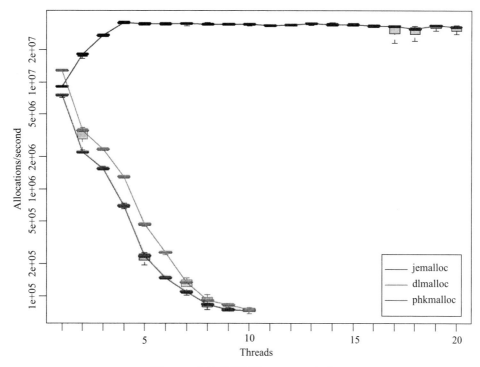

图 5-2　多处理器下的 Jemalloc 实验

（3）Jemalloc 分配原理

Jemalloc 使用多个分配领域（arena）将内存分而治之，以块（chunk）作为底层内存管理与分配的区域，块以页为单位进行管理，每个块的前几个页均用于存储后面所有页的状态，后面的所有页则用于进行实际的分配。

Jemalloc 使用执行（bin）管理各个不同大小单元的分配，每个执行都通过与它对应的运行（run）操作来进行分配的，一个运行实际上就是块里的一块区域。多个领域将多个内存块分割成较小的空间，超大的内存分配（huge arena）无法在一个内存块进行，因此，同时占据多个连续内存块才够用。

（4）并发状态下的 malloc

现代的处理器都是多核处理器，并行计算已经成为一种趋势，多线程运算不可避免，为提高 malloc 在多线程环境下的效率和安全性，增强多线程的伸缩性，Jason Evans 在他的《A Scalable Concurrent malloc(3) Implementation for FreeBSD》一文中提出了并发状态的 malloc 机制，Jemalloc 使用多个分配领域以减少在多处理器系统中线程之间的锁竞争，这样做虽然增加了一些成本，更有利于提高多线程的伸缩性。现代的多处理器在每个高速缓存线（per-cache-line）的基础上提供了内存的一致性视图，如果两个线程同时运行在不同的处理器上，在同一缓存线（cache-line）操纵不同的对象，处理器必须仲裁缓存线的所有权。多线程使用多分配器在物理高速缓存中共享同一个缓存线，处理器要决定缓存线拥有者（仅有 1 个线程拥有），从而导致性能下降。

被不同线程使用的分配器如图 5-3 所示。Jemalloc 使用了一个替代方案，依赖于多个分配领域来减少问题，它让应用程序编写者进行填充分配，从而在性能的关键代码、线程分配对象的代码中有意避免缓存线程共享机制带来的影响。同时在每个分配器中放置一个锁，为分配器准备多个领域，并对线程标识进行 Hash 计算以将各个线程分配到这些领域中，如图 5-4 所示。

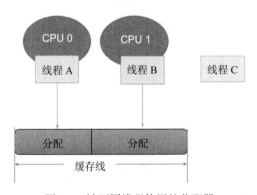

图 5-3　被不同线程使用的分配器

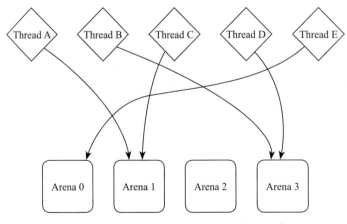

图 5-4　Hash 计算分配各个线程所属的领域

（5）Jemalloc 分配机制综述

Jemalloc 内存分配分为 3 个部分：小型的、大型的和超大的。所有的分配请求都将安排到最接近的大小边界，超大的内存分配大于内存块的一半，这种分配存储在单独的红黑树中。对小型和大型的分配，则是块分割成页，使用二伙伴（Binary-Buddy）算法作为分割算法。

线程采取轮询的方式来选择相应的分配领域（arena）进行内存分配，分配领域在块（chunk）中寻找内存分配的区域，每个分配领域有一个执行（bin）数组，而每个执行都会通过与它对应的正在运行的运行（run）操作来进行分配，每个线程缓存空间（tcahe）有一个对应的分配领域，它本身也有一个执行数组（称为 tbin），tbin 前面的部分与分配领域的执行数组是对应的。

5.3.3　内存回收

1. 内存泄漏

下面以单链表操作为例，讲解内存泄漏的原理。

（1）正常单链表操作

程序 5-10 建立了一个拥有 10 个元素的链表，并输出它们的节点，每个节点是一个员工的工号和年龄，最后删除每个节点，释放列表。程序 5-10 代码如下：

程序 5-10　正常链表操作

```
#include <stdlib.h>
#include <stdio.h>
//code:myhaspl@myhaspl.com
//author:myhaspl
//date:2014-01-10
typedef struct listnode mynode;
struct listnode{
    mynode *next;
    int number;
    int age;
    };
mynode *addnode(mynode *prevnd,int number,int age){
    mynode *ndtemp=(mynode*)malloc(sizeof(mynode));
    prevnd->next=ndtemp;
    ndtemp->number=number;
    ndtemp->age=age;
    ndtemp->next=NULL;
    return ndtemp;
}
mynode *initlist(){
    mynode *temp=(mynode*)malloc(sizeof(mynode));
    temp->number=0;
    temp->age=0;
```

```
        temp->next=NULL;
        return temp;
}
int  main(){
    mynode *mylist=initlist();
    mynode *mytempnd=mylist;
    int i=0;
    for(i=0;i<10;i++){
        mytempnd=addnode(mytempnd,i,20+i);
    }
    // 下面是正常的链表操作
    // 先输出链表元素
    for (mytempnd=mylist->next;mytempnd!=NULL;mytempnd=mytempnd->next){
        printf("id:%d,age:%d\n",mytempnd->number,mytempnd->age);
    }
    // 然后删除链表中的所有元素
    mynode* oldtmpnd;
    for (mytempnd=mylist->next;mytempnd!=NULL;){
        printf("delete id:%d\n",mytempnd->number);
        oldtmpnd=mytempnd;
        mytempnd=mytempnd->next;
        free(oldtmpnd);
    }
    free(mylist);
        return 0;
}
```

编译并运行程序 5-10，程序运行后，依次在链表中访问每个节点，并输出每个节点存储的信息，然后从链表头开始依次删除每个节点，所有节点都能正常访问也能正常删除。效果如下：

```
$gcc 5-10.c -o mytest
$ ./mytest
id:0,age:20
id:1,age:21
id:2,age:22
id:3,age:23
id:4,age:24
id:5,age:25
id:6,age:26
id:7,age:27
id:8,age:28
id:9,age:29
delete id:0
delete id:1
delete id:2
delete id:3
delete id:4
delete id:5
```

```
delete id:6
delete id:7
delete id:8
delete id:9
```

（2）垃圾形成

程序 5-11 演示了垃圾的形成，这是内存泄漏的一种方式，即在链表中，某些节点与链表中的其他节点失去了联系，导致无法删除，程序 5-11 故意让第 4 个节点的 next 指针指向 null，与后面的 6 个元素失去了联系，这样后面的 6 个元素就成为了内存垃圾，无法回收，因为通过链表再也无法访问到它们。程序 5-11 代码如下：

程序 5-11 垃圾形成

```c
#include <stdlib.h>
#include <stdio.h>
//code:myhaspl@myhaspl.com
//author:myhaspl
//date:2014-01-10
typedef struct listnode mynode;
struct listnode{
    mynode *next;
    int number;
    int age;
    };
mynode *addnode(mynode *prevnd,int number,int age){
    mynode *ndtemp=(mynode*)malloc(sizeof(mynode));
    prevnd->next=ndtemp;
    ndtemp->number=number;
    ndtemp->age=age;
    ndtemp->next=NULL;
    return ndtemp;
}
mynode *initlist(){
    mynode *temp=(mynode*)malloc(sizeof(mynode));
    temp->number=0;
    temp->age=0;
    temp->next=NULL;
    return temp;
}
int  main(){
    mynode *mylist=initlist();
    mynode *mytempnd=mylist;
    int i=0;
    for(i=0;i<10;i++){
        mytempnd=addnode(mytempnd,i,20+i);
    }
    // 下面是正常的链表操作
    // 先输出链表元素
    for (mytempnd=mylist->next;mytempnd!=NULL;mytempnd=mytempnd->next){
```

```
            printf("id:%d,age:%d\n",mytempnd->number,mytempnd->age);
        }
        // 然后删除链表中的所有元素
        for (mytempnd=mylist->next;mytempnd!=NULL;mytempnd=mytempnd->next){
            printf("delete id:%d\n",mytempnd->number);
            free(mytempnd);
        }
        free(mylist);
        // 下面是形成内存泄漏第一种情况——垃圾的演示
        // 生成并输出链表，这个与前面相同
        mylist=initlist();
        mytempnd=mylist;
        i=0;
        for(i=0;i<10;i++){
            mytempnd=addnode(mytempnd,i,20+i);
        }
        for (mytempnd=mylist->next;mytempnd!=NULL;mytempnd=mytempnd->next){
            printf("id:%d,age:%d\n",mytempnd->number,mytempnd->age);
        }
        // 删除链表，这里故意留下后面 6 个链表节点无法删除，从而导致后面 6 个链表节点形成垃圾
        int j=0;
        for (mytempnd=mylist->next;mytempnd!=NULL;mytempnd=mytempnd->next){
            if (++j>3){
                mytempnd->next=NULL;
                break;
            }
        }

        for (mytempnd=mylist->next;mytempnd!=NULL;mytempnd=mytempnd->next){
            printf("delete id:%d\n",mytempnd->number);
            free(mytempnd);
            j++;
        }
        return 0;
    }
```

　　编译并运行程序 5-11，程序分为两个部分，前面部分按照正常的链表操作，建立空链表，加入 10 个节点，从链表头开始依次访问每个节点的内容，然后从链表头开始直到链表尾部，依次删除每个节点。后面部分重新建立一个链表，内容与前面部分的链表内容相同，但将第 4 个节点的 next 指针指向 null，链表在第 4 个节点与第 5 个节点之间断开，然后删除链表中的元素，从链表头开始依次删除每个节点，删除完第 4 个节点之后，将无法找到第 5 个节点的链接，自然也就无法删除后面的那些节点，从而造成后面节点的内存泄漏。运行效果如下：

```
$ gcc  5-11.c -o mytest
$ ./mytest
id:0,age:20
```

```
id:1,age:21
id:2,age:22
id:3,age:23
id:4,age:24
id:5,age:25
id:6,age:26
id:7,age:27
id:8,age:28
id:9,age:29
delete id:0
delete id:1
delete id:2
delete id:3
delete id:4
delete id:5
delete id:6
delete id:7
delete id:8
delete id:9
id:0,age:20
id:1,age:21
id:2,age:22
id:3,age:23
id:4,age:24
id:5,age:25
id:6,age:26
id:7,age:27
id:8,age:28
id:9,age:29
delete id:0
delete id:1
delete id:2
delete id:3
```

（3）悬挂指针

一个指针不为空，但其指向的是一个无效的地址或未知对象的地址，则这样的指针称为悬挂指针，这种类型的指针将造成内存泄漏，程序 5-12 演示了这种情况，代码如下：

程序 5-12　悬挂指针

```c
#include <stdio.h>
#include <stdlib.h>
//code:myhaspl@myhaspl.com
//author:myhaspl
//date:2014-01-10
typedef struct listnode mynode;
struct listnode{
    mynode *next;
    int number;
    int age;
```

```c
        };
    mynode *addnode(mynode *prevnd,int number,int age){
        mynode *ndtemp=(mynode*)malloc(sizeof(mynode));
        prevnd->next=ndtemp;
        ndtemp->number=number;
        ndtemp->age=age;
        ndtemp->next=NULL;
        return ndtemp;
    }
    mynode *initlist(){
        mynode *temp=(mynode*)malloc(sizeof(mynode));
        temp->number=0;
        temp->age=0;
        temp->next=NULL;
        return temp;
    }
    int  main(){
        mynode *mylist=initlist();
        mynode *mytempnd=mylist;
        int i=0;
        for(i=0;i<10;i++){
            mytempnd=addnode(mytempnd,i,20+i);
        }
        //下面是正常的链表操作
        //先输出链表元素
        for (mytempnd=mylist->next;mytempnd!=NULL;mytempnd=mytempnd->next){
            printf("id:%d,age:%d\n",mytempnd->number,mytempnd->age);
        }
        //然后删除链表中的所有元素
        mynode* oldtmpnd;
        for (mytempnd=mylist->next;mytempnd!=NULL;){
            printf("delete id:%d\n",mytempnd->number);
            oldtmpnd=mytempnd;
            mytempnd=mytempnd->next;
            free(oldtmpnd);
        }
        free(mylist);
    //下面是形成内存泄漏第二种情况——悬挂指针的演示
        //生成并输出链表，这个与前面相同
        mylist=initlist();
        mytempnd=mylist;
        i=0;
        for(i=0;i<10;i++){
            mytempnd=addnode(mytempnd,i,20+i);
        }
        for (mytempnd=mylist->next;mytempnd!=NULL;mytempnd=mytempnd->next){
            printf("id:%d,age:%d\n",mytempnd->number,mytempnd->age);
        }
        //这里故意删除链表后面的 4 个节点，使第 6 个元素的 next 指向的地址无效，
        //仍指向已经删除的第 7 个节点，导致悬挂指针
```

```
        printf ("------------------------\n");
        int j=0;
        for (mytempnd=mylist->next;mytempnd!=NULL;){
            oldtmpnd=mytempnd;
            mytempnd=mytempnd->next;
            if (++j>6){
            printf("delete id:%d\n",oldtmpnd->number);
            free(oldtmpnd);
            }
        }
        return 0;
}
```

编译并运行程序 5-12，程序分为两个部分，前面部分按照正常的链表操作，建立空链表，加入 10 个节点，从链表头开始依次访问每个节点的内容，然后从链表头开始直到链表尾部，依次删除每个节点。后面部分重新构造一个与前面部分相同的链表，但有意删除链表后面的 4 个节点，使第 6 个元素的 next 指向的地址仍指向已经删除的第 7 个节点，导致 next 指向的地址无效，产生悬挂指针现象。此时，从第 1 个节点开始遍历链表，当遍历到第 6 个节点时，它的 next 指向了无效地址，该地址指向的内容已经被 free 函数释放，如果被释放的空间已经被操作系统重新分配，那么此时将会造成内存泄漏。运行效果如下：

```
$ gcc 5-12.c -o mytest
$ ./mytest
id:0,age:20
id:1,age:21
id:2,age:22
id:3,age:23
id:4,age:24
id:5,age:25
id:6,age:26
id:7,age:27
id:8,age:28
id:9,age:29
delete id:0
delete id:1
delete id:2
delete id:3
delete id:4
delete id:5
delete id:6
delete id:7
delete id:8
delete id:9
id:0,age:20
id:1,age:21
id:2,age:22
id:3,age:23
id:4,age:24
```

```
id:5,age:25
id:6,age:26
id:7,age:27
id:8,age:28
id:9,age:29
------------------------
delete id:6
delete id:7
delete id:8
delete id:9
```

 提示　free 函数表示释放，这个释放指的是将这段内存标记成可用状态，或者说，没有人会再使用这段内存了，这也就意味着操作系统如果没有重新使用这段内存，那么里面的数据就还存在，如果操作系统已将这段内存分配给其他程序，或者本程序的其他内存块申请使用该段内存，则数据会被清空。

（4）共享的演示

程序 5-13 演示了形成内存泄漏的第三种情况——共享，多个指针指向同一个内存，该内存因为某个指针不再使用的原因而被删除，这样就会导致其他指针指向的是一个无效的地址。程序 5-13 代码如下：

程序 5-13　共享的演示

```c
#include <stdio.h>
#include <stdlib.h>
//code:myhaspl@myhaspl.com
//author:myhaspl
//date:2014-01-10
typedef struct listnode mynode;
struct listnode{
    mynode *next;
    char *data;
    int number;
    int age;
    };
mynode *addnode(mynode *prevnd,int number,int age,char *data){
    mynode *ndtemp=(mynode*)malloc(sizeof(mynode));
    prevnd->next=ndtemp;
    ndtemp->number=number;
    ndtemp->age=age;
    ndtemp->data=data;
    ndtemp->next=NULL;
    return ndtemp;
}
mynode *initlist(){
    mynode *temp=(mynode*)malloc(sizeof(mynode));
    temp->number=0;
    temp->age=0;
```

```
        temp->data=NULL;
        temp->next=NULL;
    return temp;
    }
    int main(){
        // 多个指针指向同一个内存，这个内存因为某个指针不再使用的原因而遭删除。生成并输出链表，
生成 1 个链表（共 3 个元素），元素的 data 都指向同一个内存块
        mynode *mylist=initlist();
        mynode *mytempnd=mylist;
        char *mydata=(char *)malloc(100);
        const char *strsrc="helloworld";
        strcpy(mydata,strsrc);
        int i=0;
        for(i=0;i<3;i++){
            mytempnd=addnode(mytempnd,i,20+i,mydata);
        }
        for (mytempnd=mylist->next;mytempnd!=NULL;mytempnd=mytempnd->next){
    printf("id:%d,age:%d,data:%s\n",mytempnd->number,mytempnd->age,mytempnd->data);
        }
        // 下面的操作将导致共享的内存得到释放，但仍有 2 个节点指向这个内存，此时将导致内存泄漏
        // 这里故意删除最后一个节点，并释放最后一个节点的 data 指针指向的内存
        printf ("------------------------\n");
        mynode *oldtmpnd;
        for (mytempnd=mylist->next;mytempnd!=NULL;){
            oldtmpnd=mytempnd;
            mytempnd=mytempnd->next;
            if (mytempnd==NULL){
                printf("delete id:%d\n",oldtmpnd->number);
                free(oldtmpnd->data);
                free(oldtmpnd);
            }
        }
            return 0;
    }
```

编译并运行程序 5-13，程序 5-13 生成一个链表，每个节点都由结构变量 listnode 组成，listnode 包括名字（data）、编号（id）、年纪（age），其中 data 是指针类型，指向由 malloc 函数申请的内存空间，该内存空间中存放着字符串类型的名字（程序 5-13 假设使用"helloworld"作为名字），链表共 3 个节点，每个节点 data 指针指向同一个字符串内存块，该内存因为删除了最后一个节点，因此 free 函数释放了该节点的 data 指针指向的内存，这就造成了 3 个节点共享的内存得到提前释放，此时仍有 2 个节点的 data 指针指向这个内存，但 free 函数已将这个共享内存释放并列入操作系统的可用内存了，从而导致内存泄漏。效果如下：

```
$ gcc 5-13.c -o mytest
$ ./mytest
```

```
id:0,age:20,data:helloworld
id:1,age:21,data:helloworld
id:2,age:22,data:helloworld
------------------------
delete id:2
dp@dp: ~ /memorytest %
```

2. 垃圾回收

垃圾回收是一种自动内存管理技术，垃圾回收器的实现是一个复杂的过程，其中涉及了很多的细节，垃圾回收器的难点并不是垃圾的回收过程，而是定位垃圾对象，当一个对象不再受到引用的时候就可以由系统回收了。目前比较流行的方法之一是引用计数法，为每个内存对象记录受到引用的次数，在运行时跟踪和更新引用的总数，当引用次数为零时，表示该对象不再使用，可释放该对象占用的内存，作为内存垃圾回收。

下面以字符串类型变量的垃圾收集工作为例进行讲解。

引用计数的关键在于需要记录每个对象受到引用的次数，可以使用 GLib 库的 Hash 表功能来实现，以对象名称为键，以引用次数为值，实现引用计数功能。GLib 库的相关功能如下。

（1）GLib 库的 Hash 表

GHashTable 是 GLib 库的 Hash 类型，可通过 g_hash_table_new 函数建立 Hash 型变量，g_hash_table_new 的调用方式如下：

```
GHashTable *g_hash_table_new(GHashFunc hash_func, GEqualFunc key_equal_func);
```

其 中，hash_func 的 Hash 函 数 可 以 是 g_direct_hash()、g_int_hash()、g_int64_hash()、g_double_hash() 或 g_str_hash()。key_equal_func 主要用于在 Hash 表中查找，其包含以下几个参数：g_direct_equal()、g_int_equal()、g_int64_equal()、g_double_equal()、g_str_equal()。

（2）GLib 的内存管理函数

使用 g_try_malloc 或 g_try_malloc0（分配的同时，将内存初始化为 0）可申请分配内存，g_try_realloc_n 可重新分配内存，g_free 可释放内存。

程序 5-14 通过引用计数法完成字符串型变量的垃圾收集工作，当字符串类型不再使用时，系统将会收回其空间。具体方法如下：使用 newstr 函数申请字符串变量的空间，getvar 函数表明需要使用某变量，endvar 函数表明某变量已使用完毕，使用 gab_col 函数完成轮询清理变量列表，查找并删除引用数为 0 的变量，gab_col 函数会调用 g_hash_table_foreach_remove 完成轮询工作，g_hash_table_foreach_remove 函数在删除某个 key/value 对时，将自动调用 varvalcol 函数完成变量列表删除的相关清理工作。程序 5-14 代码如下：

程序 5-14　引用计数法

```
#include <glib-2.0/glib.h>
#include <locale.h>
#include <string.h>
```

```
//code:myhaspl@myhaspl.com
//date:2014-01-27
struct gab_var{
    gpointer var;
    int count;
};
struct gab_collect{
    GHashTable *gab_table;
        int gab_count;
};
typedef struct gab_var GabVar;
typedef struct gab_collect GabCollect;
void varvalcol(gpointer valdata){
// 变量列表删除的相关清理工作将在 g_hash_table_foreach_remove 函数删除某个 key/value 对时,
自动调用
        g_printf("\ndelete: %s\n",(gchar*)(((GabVar*)valdata)->var));
        g_free(valdata);
        }
GabCollect *init_gabcollect(){
        gpointer mygab=g_malloc0(sizeof(GabCollect));
        ((GabCollect*)mygab)->gab_table=g_hash_table_new_full(g_str_hash,g_str_
equal,NULL,varvalcol);
        return (GabCollect*)mygab;
}
void newvar(gchar *mystr,GabCollect *varlist,gpointer myvar){
        GabVar *gabvar=g_malloc0(sizeof(GabVar));
        gabvar->var=myvar;
        gabvar->count=1;
        g_hash_table_insert(varlist->gab_table,mystr,gabvar);
        varlist->gab_count+=1;
}
void getvar(gchar *mystr,GabCollect *varlist,gpointer myvar){
// 变量访问
        gpointer tmpvar=g_hash_table_lookup(varlist->gab_table,mystr);
        if (tmpvar==NULL){
                newvar(mystr,varlist,myvar);
        }else{
            ((GabVar*)tmpvar)->count+=1;
        }
}
void endvar(gchar *mystr,GabCollect *varlist){
// 变量访问完毕
        gpointer tmpvar=g_hash_table_lookup(varlist->gab_table,mystr);
        if (tmpvar!=NULL){
            ((GabVar*)tmpvar)->count-=1;
        }
}
gboolean gabvarcol(gpointer key,gpointer var,gpointer user_data){
        if (((GabVar*)var)->count<=0){
            return TRUE;
        }else{
```

```
            return FALSE;
        }
    }
    void gab_col(GabCollect *varlist){
        // 轮询清理变量列表，查找引用数为 0 的变量，然后删除
        g_hash_table_foreach_remove(varlist->gab_table,gabvarcol,NULL);
    }
    gchar* newstr(gchar *mystr){
            gchar* tmpchar=g_strdup(mystr);
            return tmpchar;
    }
    void end_gabcollect(GabCollect *mygab){
        gab_col(mygab);
        g_hash_table_unref(mygab->gab_table);
        g_free(mygab);
    }
    int main(){
    GabCollect *var_list=init_gabcollect();
        gchar* str1=newstr("hello,");
        gchar* str2=newstr("world\n");

        getvar("str1",var_list,str1);
        getvar("str2",var_list,str2);
        getvar("str1",var_list,str1);
        g_printf(str1);
        g_printf(str2);
        endvar("str2",var_list);
        endvar("str1",var_list);

        gab_col(var_list);

        g_printf(str1);
        endvar("str1",var_list);
        end_gabcollect(var_list);
    }
```

编译并运行程序 5-14，程序首先调用 init_gabcollect 函数初始化计数器，并通过 newstr 申请分配字符串变量 str1（存储 "hello"）与 str2（存储 "world\n"）的空间，随后立即调用 getvar 函数增加变量 str1 和 str2 的引用计数各 1 次，为验证程序效果，再次调用 getvar 函数增加变量 str1 的引用计数，到此为止，str1 的引用计数为 2，str2 的引用计数为 1。然后，调用 g_printf 函数输出字符串 str1 与 str2 的值，再调用 endvar 函数减少 str1 与 str2 的引用计数各 1 次，此时，str2 的引用计数为 0，而 str1 的引用计数为 1。调用 gab_col 进行垃圾收集将会释放并删除 str2，而 str1 因为仍有 1 个引用计数所以没有被释放，此时调用 g_printf 函数仍能输出 str1。最后，再次调用 endvar 函数减少 str1 的引用计数，并调用 end_gabcollect 函数再次清理垃圾，并删除计数器后退出程序。运行效果如下：

```
$ gcc 5-14.c -o test `pkg-config --cflags --libs glib-2.0 gthread-2.0`
$ ./ mytest
hello,world

delete: world

hello,
delete: hello,
```

5.4　Ncurses 库

5.4.1　Ncurses 简述

Ncurses 是一个动态库，其能提供功能键定义、屏幕绘制以及基于文本终端的图形互动功能，Ncurses 能够提供基于文本终端的窗口功能，可以控制整个屏幕，创建和管理窗口，使用 8 种不同的色彩，为您的程序提供鼠标支持，可以使用键盘上的功能键。Ncurses 可以在所有遵循 ANSI/POSIX 标准的 UNIX 系统上运行，还能从系统数据库中检测终端的属性，并且进行自动调整，提供一个不受终端约束的接口，Ncurses 可以在不同的系统平台和不同的终端上工作得非常好。

Ncurses 在 Linux/UNIX 下的安装方式如下。

（1）Ubuntu

```
$ sudo apt-get install libncurses5-dbg libncurses5-dev
$sudo apt-get install libncursesw5-dbg libncursesw5-dev
```

（2）FreeBSD

```
%cd /usr/ports/devel/ncurses-devel
%make install clean
```

5.4.2　Ncurses 基础

1. HelloWorld

程序 5-15 演示了一个简单的 Ncurses 程序，该程序首先调用 initscr 函数清理屏幕，然后调用 box 函数在屏幕上绘制窗口的边框，再调用 mvaddstr 函数显示字符串"hello,world"；接下来，调用 refresh 函数刷新屏幕，调用 getch 函数等待按键；最后，调用 endwin 函数结束窗口，并返回 0 表示执行成功。程序 5-15 代码如下：

程序 5-15　简单的 Ncurses 程序

```c
#include <ncurses.h>
int main(void){
    initscr();// 初始化
```

```
box(stdscr,ACS_VLINE,ACS_HLINE);//画边框
mvaddstr(15,2,"hello,world");//在15,2显示字符串
refresh();//刷新屏幕
getch();//等待按键
endwin();//结束
return 0;
}
```

编译及运行程序 5-15，结果如下：

```
$ gcc -o mytest 5-15.c -lncurses
$ ./mytest
```

程序 5-15 的执行效果如图 5-5 所示。

```
lqqqqqqqqqqqqqqqqqqqqqqqqqqqqqqqqqqqqqqqqqqqqqqqqqqqqqqqqqqqqqqqqqqqqqqqqqqqqk
x                                                                           x
x                                                                           x
x                                                                           x
x                                                                           x
x                                                                           x
x                                                                           x
x                                                                           x
x                                                                           x
x                                                                           x
x                                                                           x
x                                                                           x
x                                                                           x
x                                                                           x
x                                                                           x
x hello,world█                                                              x
x                                                                           x
x                                                                           x
x                                                                           x
x                                                                           x
x                                                                           x
x                                                                           x
mqqqqqqqqqqqqqqqqqqqqqqqqqqqqqqqqqqqqqqqqqqqqqqqqqqqqqqqqqqqqqqqqqqqqqqqqqqqqj
```

图 5-5　hello,world

2. 色彩

Ncurses 支持彩色文本，程序 5-16 演示了用不同的色彩显示 HelloWorld，代码如下：

程序 5-16　彩色文本

```
#include <ncurses.h>
#include <locale.h>
#include <stdio.h>
int main(void){
//init_pair(short index,short foreground,short background) 初始化颜色索引
//attron(COLOR_PAIR( 索引号 )| 属性 )
    setlocale(LC_ALL,"");
    initscr();//初始化
```

```
    box(stdscr,ACS_VLINE,ACS_HLINE);// 画边框
    if (!has_colors()||start_color()==ERR){
        endwin();
        printf(" 终端不支持颜色 \n");
        return 0;
    }
    init_pair(1,COLOR_GREEN,COLOR_BLACK);
    init_pair(2,COLOR_RED,COLOR_BLACK);
    init_pair(3,COLOR_WHITE,COLOR_BLUE);
    int i=0;
    for (i=1;i<=3;i++){
        attron(COLOR_PAIR(i));
        move(i,10);
        printw("hello,world:%d",i);
    }

    for (i=1;i<=3;i++){
        attron(COLOR_PAIR(i)|A_UNDERLINE);
        move(i+5,10);
        printw("hello,world:%d",i);
    }
    refresh();// 刷新屏幕
    getch();// 等待按键
endwin();// 结束
}
```

编译并执行程序 5-16 后，效果如图 5-6 所示。

图 5-6　彩色文本

3. 对中文的支持

编译使用 ncursesw 库链接，可实现中文支持。程序 5-17 演示了这种情况，代码如下：

程序 5-17 中文支持

```
#include <ncursesw/ncurses.h>
#include <locale.h>
#include <stdio.h>
int main(void){
//init_pair(short index,short foreground,short background) 初始化颜色索引
//attron(COLOR_PAIR( 索引号 )| 属性 )
    setlocale(LC_ALL,"");
    initscr();// 初始化
    box(stdscr,ACS_VLINE,ACS_HLINE);// 画边框
    if (!has_colors()||start_color()==ERR){
        endwin();
        printf(" 终端不支持颜色 \n");
        return 0;
    }
    init_pair(1,COLOR_GREEN,COLOR_BLACK);
    init_pair(2,COLOR_RED,COLOR_BLACK);
    init_pair(3,COLOR_WHITE,COLOR_BLUE);
    int i=0;
    for (i=1;i<=3;i++){
        attron(COLOR_PAIR(i));
        move(i,10);
        printw("hello, 世界 %d",i);
    }
    for (i=1;i<=3;i++){
        attron(COLOR_PAIR(i)|A_UNDERLINE);
        move(i+5,10);
        printw("hello, 世界 :%d",i);
    }
    refresh();// 刷新屏幕
    getch();// 等待按键
    endwin();// 结束
    return 0;
}
```

编译并运行程序 5-17，编译时要注意使用的是 ncursesw 库，而不是使用 ncurses 库：

```
$gcc -o mytest 5-17.c -lncursesw
$./mytest
```

程序 5-17 的运行效果如图 5-7 所示。

4. 窗口与子窗口

可使用 init_pair 函数初始化颜色索引，使用 attron 函数指定颜色索引号，使用 newwin 建立窗口，使用 derwin 相对于父窗口的相对位置建立窗口的子窗口，使用 subwin 函数相对于根窗口的绝对位置建立窗口的子窗口。示例代码如程序 5-18 所示：

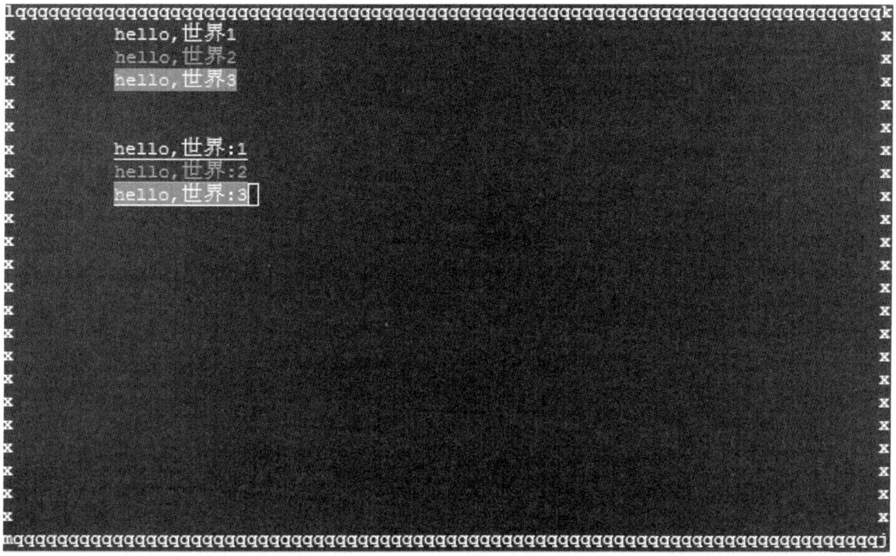

图 5-7　中文支持

程序 5-18　窗口与子窗口

```
#include <ncursesw/ncurses.h>
#include <locale.h>
int main(){
//init_pair(short index,short foreground,short background) 初始化颜色索引
//attron(COLOR_PAIR( 索引号 )| 属性 )
//newwin 建立窗口, derwin 建立窗口的子窗口 ( 相对于父窗口的相对位置 ), subwin 建立窗口的子窗口 ( 相
对于根窗口的绝对位置 )
    setlocale(LC_ALL,"");
    WINDOW *win1,*win2,*subwin;
    initscr();// 初始化
    win1=newwin(15,50,1,1);// 新窗口 ( 行, 列 ,begin_y,begin_x)
    box(win1,ACS_VLINE,ACS_HLINE);
    mvwprintw(win1,1,1,"WIN1");
    mvwprintw(win1,2,1," 您好, 很高兴认识您 ");
    win2=newwin(10,40,10,30);// 新窗口 ( 行, 列 ,begin_y,begin_x)
    box(win2,ACS_VLINE,ACS_HLINE);
    mvwprintw(win2,1,1,"WIN2");
    mvwprintw(win2,2,1," 您好, 很高兴认识您 ");
    subwin=derwin(win2,3,20,3,5); // 子窗口
    box(subwin,ACS_VLINE,ACS_HLINE);
    mvwprintw(subwin,1,5," 按任意键退出 ");//( 窗口, y,x, 字符串 )
    refresh();// 刷新整个大窗口 stdscr
    wrefresh(win1);
    wrefresh(win2);
    touchwin(win1);// 转换当前窗口为 win1
    wrefresh(win1);
```

```
getch();//win1 显示完，等待按键显示 win2
touchwin(win2);// 转换当前窗口为 win2
// 使用 doupdate，可以事先定义要刷新的部分，然后刷新
wnoutrefresh(win2);
wnoutrefresh(subwin);
doupdate();
getch();// 等待按键
delwin(win1);
delwin(subwin);
delwin(win2);
endwin();// 结束
return 0;
}
```

编译并运行程序 5-18：

```
$ gcc -o mytest 5-18.c -lncursesw
$ ./mytest
```

运行效果如图 5-8 所示，程序 5-18 首先叠加显示了 2 个窗口 win1 与 win2，然后在窗口 win2 的子窗口 subwin 中，显示提示字符串"按任意键退出"。

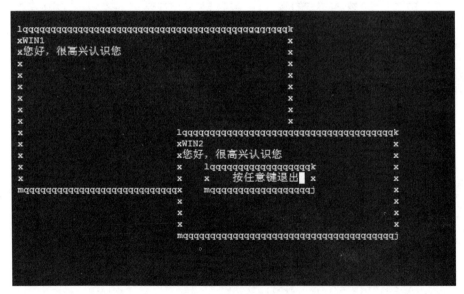

图 5-8　窗口与子窗口

5. 自动滚屏

程序 5-19 演示了定时自动滚屏技术，屏幕将匀速显示所有内容，以 30000 微秒为时间单位由上至下自动滚屏。程序 5-19 的代码如下：

程序 5-19 自动滚屏

```c
#include <ncursesw/ncurses.h>
#include <locale.h>
int main(void){
    int y,x,i,j,h,w;
    setlocale(LC_ALL,"");
    WINDOW *pad;
    initscr();//初始化
    getmaxyx(stdscr,h,w);//获得屏幕尺寸
    //画背景
    for(i=0;i<h;i++){
        for(j=0;j<w;j++){
            mvaddch(i,j,ACS_CKBOARD);
        }
    }
    refresh();
    //建立窗口
    pad=newpad(80,90);
    for (i=0;i<80;i++){
        char line[90];
        sprintf(line,"line %d\n",i);
        mvwprintw(pad,i,1,line);
    }
    refresh();
     prefresh(pad,0,1,5,10,20,25);//刷新 pad。(0,1)为 pad 需要显示区域的左上角位置(行列
对，以下同此)。(5,10)(20,25)分别为屏幕显示区域的左上角和右下角位置
    for(i=0;i<65;i++){
        prefresh(pad,i+1,1,5,10,20,25);//刷新 pad，实现流屏；
        usleep(30000);
    }
    getch();//等待按键
    delwin(pad);
    endwin();//结束
    return 0;
}
```

程序 5-19 首先调用 initscr 函数初始化屏幕，调用 getmaxyx 获得屏幕尺寸后，调用
mvaddch 画背景；然后调用 newpad 建立显示区域，通过反复调用 prefresh 循环实现屏幕字
幕流动的效果；最后调用 getch 函数等待按键，调用 delwin 函数结束区域，并返回 0。

编译并运行程序 5-19：

```
$ gcc -o mytest 5-19.c -lncursesw
$ ./mytest
```

程序 5-19 的运行效果如图 5-9 所示。

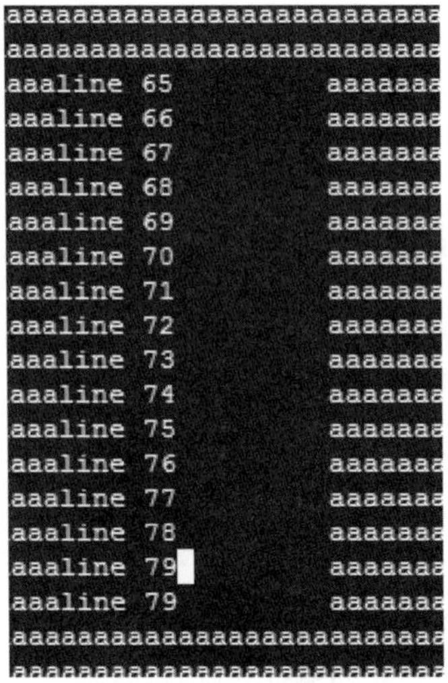

图 5-9 自动滚屏

6. 窗口移动光标

程序 5-20 首先建立 2 个窗口 win1 与 win2，通过 mvwprintw 函数在窗口 win1 的第 1 行、第 2 行分别显示字符串"WIN1"与"myhaspl@myhaspl.com"；然后调用 wmove 函数在窗口 win2 中移动光标，分别移动光标至第 1 行第 1 列、第 2 行第 1 列，调用 printw 函数再次输出字符串"WIN2"与"myhaspl@myhaspl.com"；最后通过 touchwin 函数先显示 win1 窗口，再切换至 win2 窗口，调用 getch 函数等待按键后调用 delwin 函数删除窗口并返回。程序 5-20 的代码如下：

程序 5-20　窗口移动光标

```
#include <ncursesw/ncurses.h>
#include <locale.h>
int main(void){
//init_pair(short index,short foreground,short background)初始化颜色索引
//attron(COLOR_PAIR( 索引号 )|属性 )
//newwin 建立窗口，derwin 建立窗口的子窗口 (相对于父窗口相对位置 ), subwin 建立窗的子窗口 (相对
于根窗口绝对位置 )
    int x,y;
    setlocale(LC_ALL,"");
    WINDOW *win1,*win2,*subwin;
    initscr();//初始化
    win1=newwin(15,50,1,1);//新窗口 ( 行，列 ,begin_y,begin_x)
    box(win1,ACS_VLINE,ACS_HLINE);
    mvwprintw(win1,1,1,"WIN1");
    mvwprintw(win1,2,1,"myhaspl@myhaspl.com");
    win2=newwin(10,40,10,30);//新窗口 ( 行，列 ,begin_y,begin_x)
    box(win2,ACS_VLINE,ACS_HLINE);
    wmove(win2,1,1);//移动某窗口的光标
```

```
printw("WIN2");
wmove(win2,2,1);// 移动某窗口的光标。(窗口,y,x)
printw("myhaspl@myhaspl.com");

subwin=derwin(win2,3,20,4,5); // 子窗口

box(subwin,ACS_VLINE,ACS_HLINE);
mvwprintw(subwin,1,5," 按任意键退出 ");//(窗口，y,x, 字符串)

refresh();// 刷新整个大窗口 stdscr
wrefresh(win1);
wrefresh(win2);

move(5,60);// 在 stdscr 移动光标
printw("hello.........");
touchwin(win1);// 转换当前窗口为 win1
wrefresh(win1);
getch();//win1 显示完，等待按键显示 win2

touchwin(win2);// 转换当前窗口为 win2
// 使用 doupdate，可以事先定义要刷新的部分，然后刷新
wnoutrefresh(win2);
wnoutrefresh(subwin);
doupdate();
getyx(subwin,y,x);// 获得当前逻辑光标的位置
  mvwprintw(subwin,y+1,x,"...............");// 在 " 按任意键退出 " 的下一行输出 "
..............."
getch();// 等待按键
delwin(win1);
delwin(subwin);
delwin(win2);
endwin();// 结束
return 0;
}
```

编译程序 5-20 后运行：

```
$ gcc -lncursesw 5-20.c -o mytest
$ ./mytest
```

程序 5-20 的运行效果如图 5-10 所示。

7. 菜单

在 Ncurses 中，new_item 用于建立菜单项，第一个参数为菜单项名称，第二个参数为菜单项说明；new_menu 函数用于以菜单项数组为参数建立菜单；set_menu_format 函数用于设置菜单的行数与列数，第二个参数是行数，第三个参数是列数；set_menu_mark 函数用于设置菜单项选中的标志；set_menu_sub 函数用于设置菜单所在窗口，post_menu 用于在窗口中放置菜单；wgetch 函数用于获取用户的按键输入，根据输入通过 menu_driver 函数在

菜单中移动；unpost_menu 函数用于取消菜单项放置，free_menu 函数用于释放菜单，free_item 函数用于释放菜单项。示例代码如程序 5-21 所示：

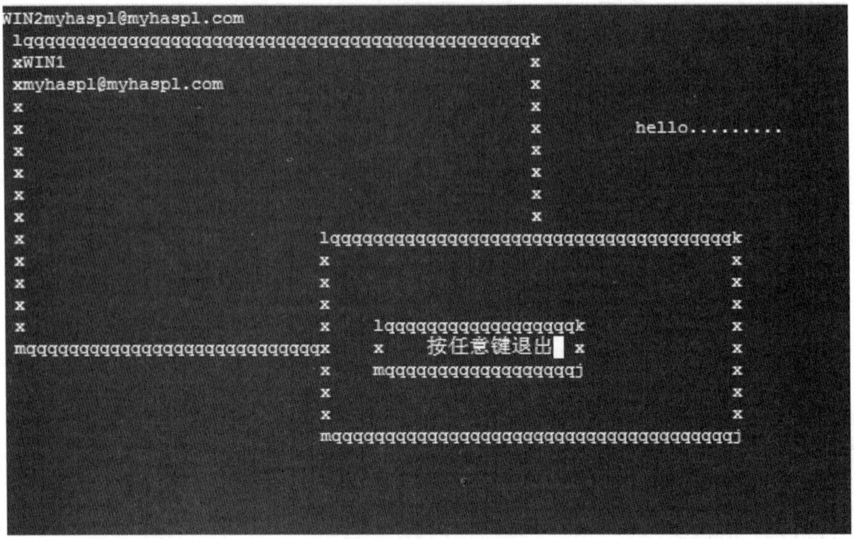

图 5-10　窗口移动光标

程序 5-21　菜单

```c
#include <ncursesw/ncurses.h>
#include <locale.h>
#include <ncursesw/menu.h>
#include <stdio.h>
#include <ctype.h>
// 定义菜单项
static const char *menus[]={
    "1-1","1-2","1-3","2-1","2-2","2-3"
};
#define CITEM sizeof(menus)/sizeof(menus[0])// 菜单项数
ITEM *items[CITEM];
int main(int argc,char *argv[]){
    int i;
    int ch;
    int mrows,mcols;
    WINDOW *win,*subwin;
    MENU *mymenu;

    // 初始化屏幕
    initscr();
    // 不用等待回车键
    cbreak();
```

```c
// 不回显
noecho();
// 可以处理功能键
keypad(stdscr,TRUE);

// 建立菜单项
for(i=0;i<CITEM;i++){
    items[i]=new_item(menus[i],menus[i]);// 第二个参数为菜单项的描述
}

// 建立菜单
mymenu=new_menu(items);

set_menu_format(mymenu,CITEM,1);    // 设置 CITEM 行第 1 列的菜单
set_menu_mark(mymenu,">");// 菜单选中的 MARK
// 获得菜单的行列数
scale_menu(mymenu,&mrows,&mcols);
// 建立窗口和子窗口
win=newwin(mrows+2,mcols+2,3,30);
keypad(win,TRUE);
box(win,0,0);
subwin=derwin(win,0,0,1,1);
// 设置菜单的窗口
set_menu_sub(mymenu,subwin);
// 在子窗口上放置菜单
post_menu(mymenu);

refresh();
wrefresh(win);

// 获得输入，并移动选择相应的菜单项
while(toupper(ch=wgetch(win))!='\n'){
      if(ch==KEY_DOWN)
          menu_driver(mymenu,REQ_DOWN_ITEM);// 移动菜单选择
      else if(ch==KEY_RIGHT)
          menu_driver(mymenu,REQ_RIGHT_ITEM);
      else if (ch==KEY_UP)
          menu_driver(mymenu,REQ_UP_ITEM);
      else if (ch==KEY_LEFT)
          menu_driver(mymenu,REQ_LEFT_ITEM);
}
// 输出当前项
mvprintw(LINES-2,0,"you select the item :%s\n",
item_name(current_item(mymenu)));
refresh();
unpost_menu(mymenu);
getch();
// 释放内存
```

```
        free_menu(mymenu);
        for(i=0;i<CITEM;i++) free_item(items[i]);
        endwin();
        return 1;
}
```

编译并运行程序 5-21：

```
$gcc -lncursesw -lmenu 5-21.c -o mytest
$ ./mytest
```

程序 5-21 首先调用 newwin 函数建立窗口与子窗口，以及 new_menu 函数建立菜单；然后调用 set_menu_sub 与 post_menu 函数将菜单放置在窗口中，调用 wgetch 函数获取用户的上下左右按键，调用 menu_driver 函数控制当前菜单项随着用户的按键而移动；最后调用 unpost_menu 函数与 free_menu 函数释放菜单内存。运行效果如图 5-11 所示。

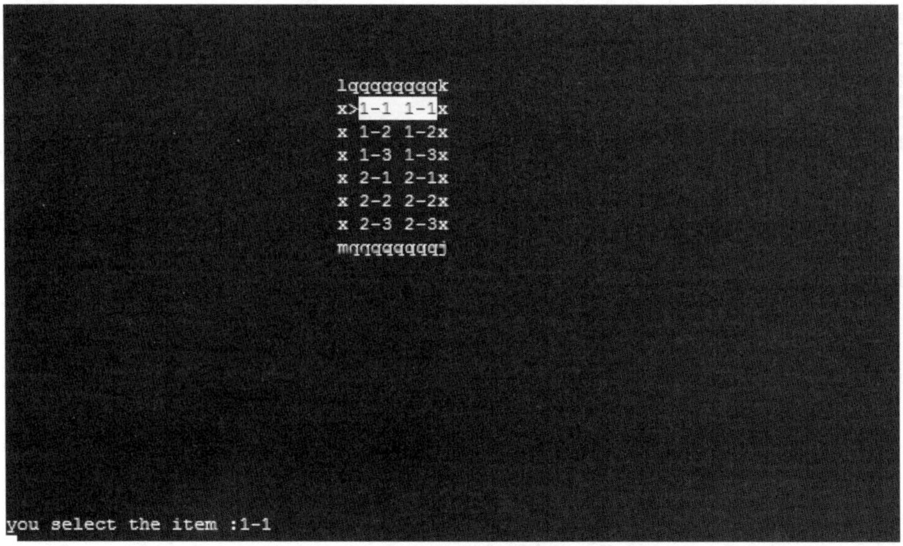

图 5-11 菜单

8. 用户输入
（1）常用函数
❑ raw() 和 cbreak()

禁止行缓冲，raw() 函数模式中，挂起（CTRLZ）、中断或退出（CTRLC）等控制字符将直接传送，而不产生控制效果。但在 cbreak() 模式中，控制字符将被终端驱动程序解释成控制信号。

❑ cho() 和 noecho()

控制是否将从键盘输入的字符回显到终端上。

❑ keypad()

允许使用功能键。

❑ initscr()

屏幕初始化并进入 curses 模式。

❑ printw() 与 refresh()

printw() 函数的作用是不断将一些显示标记和相关的数据结构写在虚拟显示器上，并将这些数据写入 stdscr 的缓冲区内。必须使用 refresh（ ）函数告诉 curses 系统将缓冲区的内容输出到屏幕上。

❑ endwin()

endwin() 函数用于释放 curses 子系统和相关数据结构占用的内存，使你能够正常返回控制台模式。

❑ addch()、printw()、addstr()

- addch()：addch() 函数用于在当前光标位置输入单个字符，并将光标右移一位。
- printw()：与 printf() 一样，具有格式化输出的一类函数，可以在屏幕的任意位置输出。
- addstr()：打印字符串的一类函数，用于在指定窗口输出字符串。

❑ mvprintw()

用于将光标移动到指定的位置，然后打印内容。

❑ getch()

用于从键盘读入一个字符。

❑ scanw() 和 mvscanw()

能够在屏幕的任意位置读入格式化字符串。

❑ getstr() 系列函数

从终端读取字符串。本质上，该函数执行的任务与连续使用 getch() 函数读取字符的功能相同：在遇到回车符、新行符和文末符时将用户指针指向该字符串。

（2）接受控制键输入

程序 5-22 演示了如何接受用户的控制键输入，代码如下：

程序 5-22　控制键输入

```
#include <ncursesw/ncurses.h>
#include <ncurses.h>
#include <locale.h>
int main()
{
int ch;
setlocale(LC_ALL,"");
initscr(); /* 开始 curses 模式 */
raw(); /* 禁用行缓冲 */
```

```
keypad(stdscr, TRUE); /* 开启功能键响应模式 */
noecho(); /* 当执行 getch() 函数的时候关闭键盘回显 */
printw(" 请按键! ");
ch = getch(); /* 如果没有调用 raw() 函数,
那么我们必须按下 enter 键才可以将字符传递给程序 */
if(ch == KEY_F(2)) /* 如果没有调用 keypad() 初始化,那么系统将不会执行这条语句 */
printw("F2 键按下! ");
/* 如果没有使用 noecho() 函数,那么一些控制字符将会输出到屏幕上 */
else
{
    printw(" 按键是 :");
    attron(A_BOLD);
    printw("%c", ch);
    attroff(A_BOLD);
}
refresh(); /* 将缓冲区的内容打印到显示器上 */
getch(); /* 等待用户输入 */
endwin(); /* 结束 curses 模式 */
return 0;
}
```

编译并执行程序 5-22:

```
$ gcc -o mytest 5-22.c -lncursesw
$ ./mytest
```

运行效果如图 5-12 所示。

（3）接受普通字符输入

```
请按键! F2 键按下!
```

图 5-12　控制键输入

程序 5-23　接受普通字符输入

```
#include <locale.h>
#include <ncursesw/ncurses.h>
#include <string.h>
int main()
{
char mess[]=" 您的性别 :"; /* 将要被打印的字符串信息 */
char mesg[]=" 您的名字 :"; /* 将要被打印的字符串信息 */
char name[80];
char sex[10];
int row,col; /* 存储行号和列号的变量,用于指定光标的位置 */
setlocale(LC_ALL,"");
initscr(); /* 进入 curses 模式 */
getmaxyx(stdscr,row,col); /* 取得 stdscr 的行数和列数 */
mvprintw(row/2,col/2-strlen(mesg),"%s",mesg); /* 在屏幕的正中间打印字符串 mesg */
getstr(name); /* 将指针 name 指向读取的字符串 */
mvprintw(row/3,col/2-strlen(mess),"%s",mess); /* 在屏幕的正中间打印字符串 mesg */
getstr(sex); /* 将指针 sex 指向读取的字符串 */
char man[]="man";
if (strcmp(sex,man)==0) {
```

```
        mvprintw(LINES-2,0, "%s 先生好，很高兴认识您 ", name);//LINES 为当前行数
    }
    else
    {
        mvprintw(LINES-2,0, "%s 女士好，很高兴认识您 ", name);//LINES 为当前行数
    }
    refresh();
    getch();
    endwin();
    return 0;
    }
```

编译并执行程序 5-23：

```
$ gcc -o mytest 5-23.c -lncursesw
$ ./mytest
```

（4）窗口输入与输出

接受窗口的输入与输出主要是通过以下两个函数。

❑ wprintw() 函数和 mvwprintw 函数，它们是输出函数，将在指定的窗口输出。

❑ wscanw() 函数和 mvwscanw() 函数，它们用于从一个窗口中读取数据。

程序 5-24 演示了窗口的输入与输出，代码如下：

程序 5-24 　窗口的输入与输出

```
#include <ncursesw/ncurses.h>
#include <locale.h>
int main(){
//init_pair(short index,short foreground,short background) 初始化颜色索引
//attron(COLOR_PAIR( 索引号 )| 属性 )
//newwin 建立窗口 ,derwin 建立窗口的子窗口 ( 相对于父窗口的相对位置 )，subwin 建立窗口的子窗口
( 相对于根窗口的绝对位置 )
    setlocale(LC_ALL,"");
    char mesg[]=" 您的名字 :"; /* 将要被打印的字符串信息 */
    char name[80];
    WINDOW *win1;
    initscr();// 初始化
    win1=newwin(15,50,1,1);// 新窗口 ( 行，列 ,begin_y,begin_x)
    box(win1,ACS_VLINE,ACS_HLINE);
    mvwprintw(win1,1,1,"WIN1");
    mvwprintw(win1,2,1," 您好 ");
    mvwprintw(win1,3,1,"%s",mesg);
    wscanw(win1,"%s",name);
    mvwprintw(win1,5,1,"%s 好，很高兴认识您 ", name);
    wrefresh(win1);
    endwin();// 结束
    return 0;
    }
```

编译并执行程序 5-24：

```
$ gcc -lncursesw 5-24.c -o mytest
$ ./mytest
```

9. 字符修饰与光标定位

函数 getyx()、move()、attron() 可完成字符修饰与光标定位。

getyx() 函数其实是一个定义在 ncurses.h 中的宏，它会给出当前光标的位置，需要注意的是我们不能用指针作为参数，而只能传递一对整型变量（前文提到过），函数 move() 用于将光标移动到指定位置。

attron() 函数表示启动文字修饰，若找到 "*/"（注释结束处的标志），则会调用 attroff() 函数停止为后续文字继续添加修饰，可在两种修饰属性间添加一个 "|" 字符，如下面代码所示：

```
attron(A_BOLD | A_BLINK)
```

修饰属性主要有包含如下几种。

❏ A_NORMAL：普通字符输出（不加亮显示）。

❏ A_STANDOUT：终端字符最亮。

❏ A_UNDERLINE：下划线。

❏ A_REVERSE：字符反白显示。

❏ A_BLINK：闪动显示。

❏ A_DIM：半亮显示。

❏ A_BOLD：加亮加粗。

❏ A_PROTECT：保护模式。

❏ A_INVIS：空白显示模式。

❏ A_ALTCHARSET：字符交替。

❏ A_CHARTEXT：字符掩盖。

程序 5-25 演示了字符修饰与光标定位，代码如下：

程序 5-25　字符修饰与光标定位

```
#include <ncursesw/ncurses.h>
#include <locale.h>
int main(){
//init_pair(short index,short foreground,short background) 初始化颜色索引
//attron(COLOR_PAIR( 索引号 )| 属性 )
//newwin 建立窗口 ,derwin 建立窗口的子窗口 ( 相对于父窗口的相对位置 ), subwin 建立窗口的子窗口
( 相对于根窗口的绝对位置 )
    setlocale(LC_ALL,"");
    char mesg[]=" 您的名字 :"; /* 将要输出的字符串信息 */
    char name[80];
    int y,x;
```

```
initscr();// 初始化
mvprintw(1,1,"WIN1");
mvprintw(2,1," 您好 ");
mvprintw(3,1,"%s",mesg);
getyx(stdscr, y, x);
move((y+2),2);
attron(A_REVERSE);
printw("********************");
refresh();
attroff(A_REVERSE);
getyx(stdscr, y, x);
move((y-1),1);
scanw("%s",name);
mvprintw(6,1,"%s 好，很高兴认识您 ", name);
refresh();
endwin();// 结束
return 0;
}
```

编译并运行程序 5-25：

```
$gcc -lncursesw 5-25.c -o mytest
$ ./mytest
```

运行效果如图 5-13 所示。

10. 常用色彩

Ncurses 的常用色彩包含如下几种。

图 5-13　字符修饰与光标定位

❏ COLOR_BLACK 0 黑色

❏ COLOR_RED 1 红色

❏ COLOR_GREEN 2 绿色

❏ COLOR_YELLOW 3 黄色

❏ COLOR_BLUE 4 蓝色

❏ COLOR_MAGENTA 5 洋红色

❏ COLOR_CYAN 6 蓝绿色 , 青色

❏ COLOR_WHITE 7 白色

Ncurses 色彩及样式的设置函数包含如下几种。

❏ int attroff(int attrs);

❏ int wattroff(WINDOW *win, int attrs);

❏ int attron(int attrs);

❏ int wattron(WINDOW *win, int attrs);

attrset() 为整个窗口设置了一种修饰属性，而 attron() 函数只从被调用的地方开始设置，attrset() 会覆盖掉先前为整个窗口设置的所有修饰属性。attr_get() 函数用于获取当前窗口的修饰属性设置以及背景、文字颜色。在这些函数前面加上 w，表示可对窗口做修饰，否则就将装饰应用于标准输出窗口 stdscr。

5.4.3 Ncurses 实例：文字编辑器

1. 单屏编辑器

第一步，首先打造一个简单的单屏编辑器，编辑器仅包含输入功能，对用户的输入捕捉使用 wgetch 函数。

首先，使用 setlocale 函数设置中文本地化环境，并调用 initscr、clear、noecho、cbreak 函数初始化终端；然后应用 has_colors 函数确保终端支持彩色后，再应用 start_color 函数启动色彩机制，并计算与终端匹配的编辑器空间的大小（行数与列数）；最后调用 box 函数绘制边框，在循环中使用 mvwgetch 函数反复获取用户按键，并通过 mvwprintw 函数输出用户所输入的内容。整个过程如程序 5-26 所示：

程序 5-26 单屏编辑器

```c
#include <ncursesw/ncurses.h>
#include <locale.h>
#include <stdio.h>
int main(int argc, char *argv[])
{
    setlocale(LC_ALL,"");
    initscr();
    clear();
    noecho();
    cbreak();
    if(has_colors() == FALSE)
    {
    endwin();
    printf(" 你的终端不支持色彩! \n");
    return (1);
    }
    start_color(); /* 启动 color 机制 */
    init_pair(1, COLOR_GREEN, COLOR_BLACK);
    WINDOW *win1;
    int width=COLS-14;
    int height=LINES-14;
    int x,y;
    win1=newwin(height,width,7,7);// 新窗口 ( 行, 列 ,begin_y,begin_x)
    keypad(win1,TRUE);
    box(win1,ACS_VLINE,ACS_HLINE);
    wattron(win1,COLOR_PAIR(1));
    wrefresh(win1);
    getyx(win1,y,x);
    ++y;++x;
    while(1){
        int c=mvwgetch(win1,y,x);
```

```
        ++x;
        if (x>=width-1){
                ++y;
            x=1;
        }
        if (y>=height-1){
            y=1;
        }
        mvwprintw(win1,y,x,"%c",c);
        wrefresh(win1);
    }
        wattroff(win1,COLOR_PAIR(1));
    endwin();
    return 0;
}
```

运行程序 5-26，结果如下：

```
$gcc -o mytest 5-26.c -lncursesw
$./mytest
```

运行效果如图 5-14 所示。

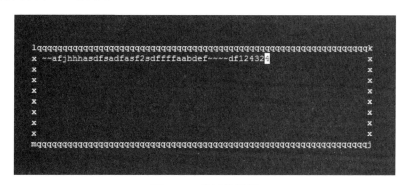

图 5-14　单屏编辑器

第二步，继续完善程序 5-26，增加方向键的支持。

程序 5-27 通过 switch 选择语句判断当前按键是否为方向键，如果为方向键，就按照所指方向操纵光标，否则将光标所在位置的内容设为按键内容。程序 5-27 代码如下：

程序 5-27　操纵光标

```
#include <locale.h>
#include <stdio.h>
#include <ncursesw/ncurses.h>
int main(int argc, char *argv[])
{
    setlocale(LC_ALL,"");
    initscr();
```

```
clear();
noecho();
cbreak();
if(has_colors() == FALSE)
{
endwin();
printf(" 你的终端不支持色彩！ \n");
return (1);
}
start_color(); /* 启动 color 机制 */
mvprintw(5,COLS/2-10," 简单编辑器 - 仅限于单个屏幕的编辑 ");
refresh();
init_pair(1, COLOR_GREEN, COLOR_BLACK);
WINDOW *win1;
int width=COLS-14;
    int height=LINES-14;
    int x,y;
    win1=newwin(height,width,7,7);// 新窗口（行、列 ,begin_y,begin_x)
    keypad(win1,TRUE);
    box(win1,ACS_VLINE,ACS_HLINE);
    wattron(win1,COLOR_PAIR(1));
wrefresh(win1);
getyx(win1,y,x);
++y;++x;
while(1){
    int c=mvwgetch(win1,y,x);
    switch(c)
    {
        case KEY_RIGHT:
            ++x;
            if (x>=width-1) {
                ++y;
                x=1;
            }
            break;
        case KEY_LEFT:
            --x;
            if (x<1){
                --y;
                x=width-2;
            }
            break;
        case KEY_UP:
                --y;
            if (y<1){
                y=height-2;
            }
            break;
        case KEY_DOWN:
                ++y;
```

```
            if (y>=height-1){
                y=1;
            }
            break;
        default:
            mvwprintw(win1,y,x,"%c",c);
            ++x;
            if (x>=width-1){
                    ++y;
                x=1;
            }
            if (y>=height-1){
                y=1;
            }
            wrefresh(win1);
        }
    }
    wattroff(win1,COLOR_PAIR(1));
    endwin();
    return 0;
}
```

运行程序 5-27，结果如下：

```
$ gcc -o mytest 5-27.c -lncursesw
$ ./mytest
```

运行效果如图 5-15 所示。

图 5-15　操纵光标

第三步，为程序 5-27 加上删除某行或删除某个字符的按键，退出操作的按键，以及回车换行的操作。程序 5-28 将 delete 键定义为删除某个字符，将回车符定义为换行，同时将 F12 定义为删除整行，将 F1 定义为退出。程序 5-28 的代码如下：

程序 5-28 带删除、退出以及换行功能的编辑器

```c
#include <locale.h>
#include <stdio.h>
#include <ncursesw/ncurses.h>
//code by myhaspl@myhaspl.com
//date:2014/1/17
int main(int argc, char *argv[])
{
    setlocale(LC_ALL,"");
    initscr();
    clear();
    noecho();
    cbreak();
    if(has_colors() == FALSE)
    {
    endwin();
    printf("你的终端不支持色彩! \n");
    return (1);
    }
    start_color(); /* 启动 color 机制 */
    mvprintw(5,COLS/2-10,"简单编辑器 - 仅限于单个屏幕的编辑 ");
    refresh();
    init_pair(1, COLOR_GREEN, COLOR_BLACK);
    WINDOW *win1;
    int width=COLS-14;
    int height=LINES-14;
    int x,y;
    win1=newwin(height,width,7,7);//新窗口 ( 行, 列 ,begin_y,begin_x)
    keypad(win1,TRUE);
    wattron(win1,COLOR_PAIR(1));
    box(win1,ACS_VLINE,ACS_HLINE);
    wrefresh(win1);
    getyx(win1,y,x);
    ++y;++x;
    while(1){
        int c=mvwgetch(win1,y,x);
        switch(c)
        {
            case KEY_RIGHT:
                ++x;
                if (x>=width-1) {
                    ++y;
                    x=1;
                }
                break;
            case KEY_LEFT: --x;
                if (x<1){
                    --y;
                    x=width-2;
                }
```

```
            break;
case KEY_UP:
            --y;
        if (y<1){
            y=height-2;
        }
        break;
case KEY_DOWN:
            ++y;
        if (y>=height-1){
            y=1;
        }
        break;
case 10:
            ++y;
        if (y>=height-1){
            y=1;
        }
        break;
case KEY_F(1):
        // 退出
        mvprintw(LINES-3,2," 退出编辑器吗？ ");
        mvprintw(LINES-2,2,"      ");
        refresh();
        int ans=getch();
        if (ans=='Y' ||ans=='y')
        {
            mvprintw(LINES-2,2," 是 \n");
            refresh();
            wattroff(win1,COLOR_PAIR(1));
            delwin(win1);
            endwin();
            return 0;
        }else
            mvprintw(LINES-2,2," 否 \n");
            refresh();
        break;
case KEY_F(12):
        // 删除某行
        wdeleteln(win1);
        winsertln(win1);
            box(win1,ACS_VLINE,ACS_HLINE);
case KEY_DC:
            // 删除某个字符
            mvwprintw(win1,y,x," ");
        break;
default:
            mvwprintw(win1,y,x,"%c",c);
        ++x;
        if (x>=width-1){
```

```
                                ++y;
                        x=1;
                }
                if (y>=height-1){
                        y=1;
                }
                wrefresh(win1);
        }
    }
        wattroff(win1,COLOR_PAIR(1));
    endwin();
    return 0;
}
```

运行程序 5-28，结果如下：

```
$ gcc -o mytest 5-28.c -lncursesw
$ ./mytest
```

运行效果如图 5-16 所示。

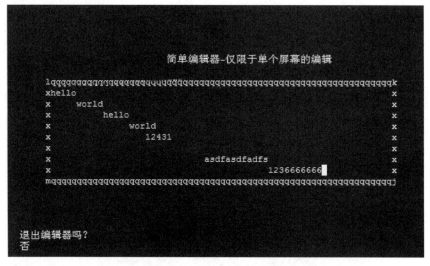

图 5-16　带删除、退出以及换行功能的编辑器

第四步，打造拥有鼠标支持的多屏编辑器。鼠标相关的函数主要包含如下几种。

（1）mousemask( )

mousemask 函数激活想要接收的鼠标事件，函数的调用方式具体如下：

```
mousemask( mmask_t newmask, /* 你想要监听的鼠标事件掩码 */
mmask_t *oldmask ) /* 旧版本使用的鼠标事件掩码 */
```

其中，主要鼠标事件具体如下（一般来说，鼠标左键为 1 号，鼠标右键为 2 号）。

❏ BUTTON1_PRESSED：鼠标 1 号键按下。

❏ BUTTON1_RELEASED：鼠标 1 号键释放。

❏ BUTTON1_CLICKED：鼠标 1 号键单击。

❏ BUTTON1_DOUBLE_CLICKED：鼠标 1 号键双击。

❏ BUTTON1_TRIPLE_CLICKED：鼠标 1 号键三击。

❏ BUTTON2_PRESSED：鼠标 2 号键按下。

❏ BUTTON2_RELEASED：鼠标 2 号键释放。

❏ BUTTON2_CLICKED：鼠标 2 号键单击。

❏ BUTTON2_DOUBLE_CLICKED：鼠标 2 号键双击。

❏ BUTTON2_TRIPLE_CLICKED：鼠标 2 号键三击。

❏ BUTTON3_PRESSED：鼠标 3 号键按下。

❏ BUTTON3_RELEASED：鼠标 3 号键释放。

❏ BUTTON3_CLICKED：鼠标 3 号键单击。

❏ BUTTON3_DOUBLE_CLICKED：鼠标 3 号键双击。

❏ BUTTON3_TRIPLE_CLICKED：鼠标 3 号键三击。

❏ BUTTON4_PRESSED：鼠标 4 号键按下。

❏ BUTTON4_RELEASED：鼠标 4 号键释放。

❏ BUTTON4_CLICKED：鼠标 4 号键单击。

❏ BUTTON4_DOUBLE_CLICKED：鼠标 4 号键双击。

❏ BUTTON4_TRIPLE_CLICKED：鼠标 4 号键三击。

❏ BUTTON_SHIFT：在鼠标事件发生时，伴随 Shift 键按下。

❏ BUTTON_CTRL：在鼠标事件发生时，伴随 Ctrl 键按下。

❏ BUTTON_ALT：在鼠标事件发生时，伴随 Alt 键按下。

❏ ALL_MOUSE_EVENTS：报告所有的鼠标事件。

❏ REPORT_MOUSE_POSITION：报告鼠标移动位置。

（2）getmouse()

getmouse 函数表示为这个事件返回一个相应的指针，指针结构如下：

```
typedef struct
{
short id; /* ID 用来辨别不同的设备 */
int x, y, z; /* 事件发生的坐标 */
mmask_t bstate; /* 鼠标的按键状态 */
}
```

其中，Bstate 是需要我们关注的最主要变量，它返回了当前鼠标按键的状态。下面的代码可以捕捉到鼠标左键按下的操作：

```
if(event.bstate & BUTTON1_PRESSED)
```

程序 5-29 所示的编辑器运用了上述 2 个函数，增加了鼠标左键的定位功能，可通过鼠标定位需要操作的字符，然后进行修改和光标移动。程序 5-29 的代码如下：

程序 5-29　带鼠标定位功能的编辑器

```
#include <locale.h>
#include <stdio.h>
#include <ncursesw/ncurses.h>
//code by myhaspl@myhaspl.com
//date:2014/1/17
int main(int argc, char *argv[])
{
    MEVENT event;
    setlocale(LC_ALL,"");
    initscr();
    clear();
    noecho();
    cbreak();
    if(has_colors() == FALSE)
    {
    endwin();
    printf("你的终端不支持色彩! \n");
    return (1);
    }
    start_color(); /* 启动 color 机制 */
    mvprintw(5,COLS/2-10,"简单编辑器 - 仅限于单个屏幕的编辑 ");
    refresh();
    init_pair(1, COLOR_GREEN, COLOR_BLACK);
    WINDOW *win1;
    int width=COLS-14;
    int height=LINES-14;
    int x,y;
    win1=newwin(height,width,7,7);// 新窗口 ( 行, 列 ,begin_y,begin_x)
    keypad(win1,TRUE);
    wattron(win1,COLOR_PAIR(1));
    box(win1,ACS_VLINE,ACS_HLINE);
wrefresh(win1);
    getyx(win1,y,x);
    ++y;++x;
    mmask_t oldmousemask;
    mousemask(ALL_MOUSE_EVENTS, &oldmousemask);
    while(1){
    int c=mvwgetch(win1,y,x);
        switch(c)
        {    case KEY_MOUSE:
            if(getmouse(&event) == OK)
            {    /* When the user clicks left mouse button */
                if(event.bstate & BUTTON1_PRESSED)
                {
```

```
                    y=event.y-7;x=event.x-7;
                    wmove(win1,y,x);
            }

    }
    break;
    case KEY_RIGHT:
        ++x;
        if (x>=width-1) {
            ++y;
            x=1;
        }
        break;
    case KEY_LEFT: --x;
        if (x<1){
            --y;
            x=width-2;
        }
        break;
    case KEY_UP:
            --y;
        if (y<1){
            y=height-2;
        }
        break;
    case KEY_DOWN:
                ++y;
        if (y>=height-1){
            y=1;
        }
        break;
    case 10:
                ++y;
        if (y>=height-1){
            y=1;
        }
        break;
    case KEY_F(1):
                // 退出
        mvprintw(LINES-3,2," 退出编辑器吗？ ");
        mvprintw(LINES-2,2,"        ");
        refresh();
        int ans=getch();
        if (ans=='Y' ||ans=='y')
        {
            mvprintw(LINES-2,2," 是 \n");
            refresh();
            wattroff(win1,COLOR_PAIR(1));
            mousemask(oldmousemask,NULL);
            delwin(win1);
```

```
                endwin();
                return 0;
        }else
                mvprintw(LINES-2,2," 否 \n");
                refresh();
        break;
    case KEY_F(12):
                    // 删除某行
            wdeleteln(win1);
            winsertln(win1);
                        box(win1,ACS_VLINE,ACS_HLINE);
    case KEY_DC:
                    // 删除某个字符
                            mvwprintw(win1,y,x," ");
        break;
    default:
                            mvwprintw(win1,y,x,"%c",c);
        ++x;
        if (x>=width-1){
                    ++y;
                x=1;
            }
            if (y>=height-1){
                y=1;
            }
            wrefresh(win1);
        }
    }
    wattroff(win1,COLOR_PAIR(1));
endwin();
mousemask(oldmousemask,NULL);
return 0;
}
```

编译并运行程序 5-29，结果如下：

```
$  gcc -o mytest 5-29.c -lncursesw
$ ./mytest
```

运行效果如图 5-17 所示。

第五步，存取编辑器内容。前面打造的编辑器不能保存与读取所编辑的文本内容，现在就来使用以下函数为编辑器增加存取内容的功能。

1）scr_dump() 函数可以把当前屏幕的内容存入指定文件，即以文件名作为函数的参数，然后通过 scr_restore() 函数调用屏幕数据文件来恢复屏幕。它们的函数调用方式为：

```
scr_dump(const char *file)
scr_restore(const char *file)
```

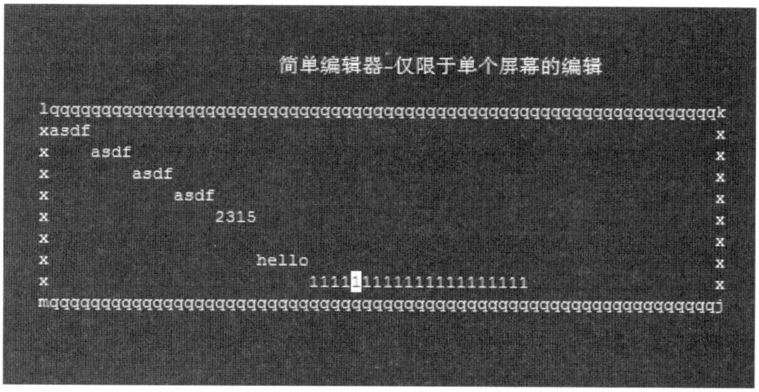

图 5-17　带鼠标定位功能的编辑器

2）getwin() 函数用来将窗口内容存储到一个指定的文件中。 putwin() 函数则调用相应的文件来恢复窗口。它们的函数调用方式为：

```
getwin(FILE * filep)
putwin(WINDOW *win, FILE * filep)
```

先利用 scr_dump() 函数与 scr_restore() 函数，实现对编辑器内容的存盘与读取，这样做唯一的副作用是：这两个函数会将整个屏幕保存下来。程序 5-30 设定 F9 为读取，F10 为存盘，F11 为修改退出，并加入对退格键的支持，代码如下：

程序 5-30　存取编辑器内容

```
#include <locale.h>
#include <stdio.h>
#include <ncursesw/ncurses.h>
//code by myhaspl@myhaspl.com
//date:2014/1/17
int isExist(char *filename)
{
    return (access(filename, 0) == 0);
}
int main(int argc, char *argv[])
{
    MEVENT event;
    setlocale(LC_ALL,"");
    initscr();
    clear();
    noecho();
    cbreak();
    if(has_colors() == FALSE)
    {
    endwin();
    printf(" 你的终端不支持色彩! \n");
    return (1);
```

```
}
start_color(); /* 启动 color 机制 */
mvprintw(3,COLS/2-10," 简单编辑器 - 仅限于单个屏幕的编辑 ");
mvprintw(4,COLS/2-15,"【F9 读取保存的内容, F10 存盘, F11 退出, F12 删除整行】");
refresh();
init_pair(1, COLOR_GREEN, COLOR_BLACK);
WINDOW *win1;
int width=COLS-14;
int height=LINES-14;
int x,y;
win1=newwin(height,width,7,7);// 新窗口 ( 行, 列 ,begin_y,begin_x)
keypad(win1,TRUE);
wattron(win1,COLOR_PAIR(1));
box(win1,ACS_VLINE,ACS_HLINE);
wrefresh(win1);
getyx(win1,y,x);
++y;++x;
mmask_t oldmousemask;
int ans=0;
mousemask(ALL_MOUSE_EVENTS, &oldmousemask);
while(1){
    int c=mvwgetch(win1,y,x);
    switch(c)
    {   case KEY_MOUSE:
        if(getmouse(&event) == OK)
        {   /* When the user clicks left mouse button */
            if(event.bstate & BUTTON1_PRESSED)
            {
                        y=event.y-7;x=event.x-7;
                        wmove(win1,y,x);
            }

        }
        break;
        case KEY_BACKSPACE:
                --x;
                if (x<1){
                    --y;x=width-2;
                }
                if (y<1){
                    y=height-2;
                }
                mvwprintw(win1,y,x," ");
                break;
          case KEY_RIGHT:
                ++x;
                if (x>=width-1) {
                        ++y;
                        x=1;
                }
```

```
                        break;
        case KEY_LEFT: --x;
                if (x<1){
                        --y;
                x=width-2;
                }
                break;
        case KEY_UP:
                --y;
                if (y<1){
                        y=height-2;
                }
                break;
        case KEY_DOWN:
                ++y;
                if (y>=height-1){
                    y=1;
                }
                break;
        case 10:
                ++y;
                if (y>=height-1){
                        y=1;
                }
                break;
case KEY_F(11):
                // 退出
                mvprintw(LINES-3,2,"          ");
                mvprintw(LINES-3,2,"退出编辑器吗?        ");
                mvprintw(LINES-2,2,"      ");
                refresh();
                ans=getch();
                if (ans=='Y' ||ans=='y')
                {
                    mvprintw(LINES-2,2,"是 \n");
                    refresh();
                    wattroff(win1,COLOR_PAIR(1));
                    mousemask(oldmousemask,NULL);
                    delwin(win1);
                    endwin();
                    return 0;
                }else
                    mvprintw(LINES-2,2,"否 \n");
                    refresh();
                break;
    case KEY_F(10):
                // 存盘
                mvprintw(LINES-3,2,"           ");
                mvprintw(LINES-3,2,"保存当前内容吗?  ");
                mvprintw(LINES-2,2,"       ");
```

```
                    refresh();
                    ans=getch();
                    if (ans=='Y' ||ans=='y')
                    {
                        mvprintw(LINES-3,2,"          ");
                        scr_dump("myedit.dat");
                        mvprintw(LINES-3,2,"保存当前内容吗?        ");
                        mvprintw(LINES-2,2,"是 \n");
                        refresh();
                    }else
                        mvprintw(LINES-2,2,"否 \n");
                        refresh();
                    break;
            case KEY_F(9):
                    // 读取存盘
                    mvprintw(LINES-3,2,"          ");
                    mvprintw(LINES-3,2,"读取保存的内容吗?        ");
                    mvprintw(LINES-2,2,"        ");
                    refresh();
                    ans=getch();
                    if (ans=='Y' ||ans=='y')
                    {
                        if (isExist("myedit.dat")) scr_restore("myedit.dat");
                        mvprintw(LINES-3,2,"读取保存的内容吗?        ");
                        mvprintw(LINES-2,2,"是 \n");
                        refresh();
                    }else
                        mvprintw(LINES-2,2,"否 \n");
                        refresh();
                    break;
            case KEY_F(12):
                    // 删除某行
                    wdeleteln(win1);
                    winsertln(win1);
                    box(win1,ACS_VLINE,ACS_HLINE);
                    break;
            case KEY_DC:
                    // 删除某个字符
                    mvwprintw(win1,y,x," ");
                    break;
            default:
                    mvwprintw(win1,y,x,"%c",c);
                    ++x;
                    if (x>=width-1){
                        ++y;
                        x=1;
                    }
                    if (y>=height-1){
                        y=1;
                    }
```

```
                    wrefresh(win1);
            }
        }
        wattroff(win1,COLOR_PAIR(1));
        endwin();
        return 0;
}
```

编译并运行存取程序 5-30，结果如下：

```
$ gcc -o mytest 5-30.c -lncursesw
$ ./mytest
```

运行效果如图 5-18 所示。

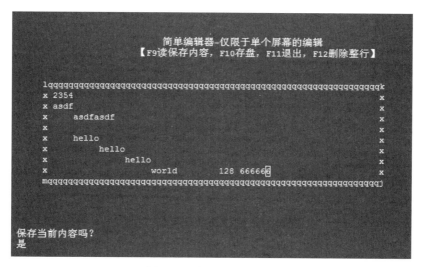

图 5-18　存取编辑器内容

第六步，继续改进，仅对窗口内容进行存取。程序 5-31 使用 getwin 和 putwin 完成对窗口内容的保存，而不是保存整个屏幕，代码如下：

程序 5-31　存取窗口内容

```
#include <locale.h>
#include <stdio.h>
#include <ncursesw/ncurses.h>
//code by myhaspl@myhaspl.com
//date:2014/1/17
int isExist(char *filename)
{
        return (access(filename, 0) == 0);
}
int main(int argc, char *argv[])
{
```

```
MEVENT event;
setlocale(LC_ALL,"");
initscr();
clear();
noecho();
cbreak();
if(has_colors() == FALSE)
{
endwin();
printf(" 你的终端不支持色彩！\n");
return (1);
}
start_color(); /* 启动 color 机制 */
mvprintw(3,COLS/2-10," 简单编辑器 - 仅限于单个屏幕的编辑 ");
mvprintw(4,COLS/2-15,"【F9 读取保存的内容，F10 存盘，F11 退出，F12 删除整行】");
refresh();
init_pair(1, COLOR_GREEN, COLOR_BLACK);
WINDOW *win1;
int width=COLS-14;
int height=LINES-14;
int x,y;
win1=newwin(height,width,7,7);// 新窗口 ( 行，列 ,begin_y,begin_x)
keypad(win1,TRUE);
wattron(win1,COLOR_PAIR(1));
box(win1,ACS_VLINE,ACS_HLINE);
wrefresh(win1);
getyx(win1,y,x);
++y;++x;
mmask_t oldmousemask;
int ans=0;
FILE *fp2=NULL;
FILE *fp1=NULL;
mousemask(ALL_MOUSE_EVENTS, &oldmousemask);
while(1){
        int c=mvwgetch(win1,y,x);
        switch(c)
        {    case KEY_MOUSE:
             if(getmouse(&event) == OK)
             {        /* When the user clicks left mouse button */
                 if(event.bstate & BUTTON1_PRESSED)
                 {
                             y=event.y-7;x=event.x-7;
                             wmove(win1,y,x);
                 }

             }
             break;
             case KEY_BACKSPACE:
                 --x;
                 if (x<1){
```

```
                                --y;x=width-2;
                        }
                        if (y<1){
                                y=height-2;
                        }
                        mvwprintw(win1,y,x," ");
                        break;
        case KEY_RIGHT:
                        ++x;
                        if (x>=width-1) {
                                ++y;
                                x=1;
                        }
                        break;
        case KEY_LEFT: --x;
                        if (x<1){
                                --y;
                                x=width-2;
                        }
                        break;
        case KEY_UP:
                        --y;
                        if (y<1){
                                y=height-2;
                        }
                        break;
        case KEY_DOWN:
                        ++y;
                        if (y>=height-1){
                                y=1;
                        }
                        break;
        case 10:
                        ++y;
                        if (y>=height-1){
                                y=1;
                        }
                        break;
        case KEY_F(11):
                        // 退出
                        mvprintw(LINES-3,2,"                    ");
                        mvprintw(LINES-3,2," 退出编辑器吗?        ");
                        mvprintw(LINES-2,2,"   ");
                        mvprintw(LINES-1,2,"      \n");
                        refresh();
                        ans=getch();
                        if (ans=='Y' ||ans=='y')
                        {
                                mvprintw(LINES-2,2," 是 \n");
                                refresh();
```

```
                                        wattroff(win1,COLOR_PAIR(1));
                                        mousemask(oldmousemask,NULL);
                                        delwin(win1);
                                        endwin();
                                        return 0;
                        }else
                                        mvprintw(LINES-2,2,"否 \n");
                                        refresh();
                        break;

        case KEY_F(10):
                // 存盘
                mvprintw(LINES-3,2,"                 ");
                mvprintw(LINES-3,2,"保存当前内容? ");
                mvprintw(LINES-2,2,"   ");
                mvprintw(LINES-1,2,"     \n");
                refresh();
                ans=getch();
                if (ans=='Y' ||ans=='y')
                {
                        mvprintw(LINES-3,2,"            ");
                        fp1 = fopen("myet.dat","wb");
                        if (fp1!=NULL){
                                int jg= putwin(win1,fp1);
                                fclose(fp1);
                                if (jg==OK)  mvprintw(LINES-1,2,"
保存成功 !\n");

                        }
                        mvprintw(LINES-3,2,"保存当前内容?     ");
                        mvprintw(LINES-2,2,"是 \n");
                        refresh();
                }else
                        mvprintw(LINES-2,2,"否 \n");
                        refresh();
                break;
        case KEY_F(9):
                // 读取存盘
                mvprintw(LINES-3,2,"                    ");
                mvprintw(LINES-3,2,"读取保存的内容?     ");
                mvprintw(LINES-2,2,"    ");
                mvprintw(LINES-1,2,"     \n");
                refresh();
                ans=getch();
                if (ans=='Y' ||ans=='y')
                {
                        if (isExist("myet.dat")) {
                        fp2 = fopen("myet.dat","rb");
                        if (fp2!=NULL){
                                WINDOW *newwin=getwin(fp2);
                                if (newwin!=NULL) {
```

```
                                                delwin(win1);
                                                win1=newwin;
                                                wrefresh(win1);
                                                mvprintw(LINES-1,2," 读取
成功 !\n");
                                            }
                                            fclose(fp2);
                                    }
                                    }

                                    mvprintw(LINES-3,2," 读取保存的内容吗?    ");
                                    mvprintw(LINES-2,2," 是 \n");
                                    refresh();
                            }else
                                    mvprintw(LINES-2,2," 否 \n");
                                    refresh();
                            break;
                    case KEY_F(12):
                            // 删除某行
                            wdeleteln(win1);
                            winsertln(win1);
                            box(win1,ACS_VLINE,ACS_HLINE);
                            break;
                    case KEY_DC:
                            // 删除某个字符
                            mvwprintw(win1,y,x," ");
                            break;
                    default:
                            mvwprintw(win1,y,x,"%c",c);
                            ++x;
                            if (x>=width-1){
                                    ++y;
                                    x=1;
                            }
                            if (y>=height-1){
                                    y=1;
                            }
                            wrefresh(win1);
                }
            }
    }
```

编译并运行程序 5-31，结果如下：

```
$ gcc -o mytest 5-31.c -lncursesw
$ ./mytest
```

运行效果如图 5-19 所示。

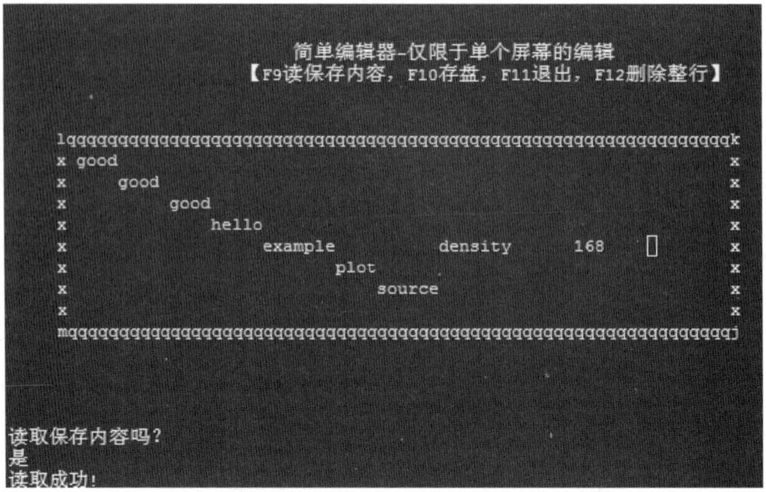

图 5-19　存取窗口内容

2. 多屏编辑器

第一步，在单屏编辑器的基础上加上多个窗口，允许同时编辑和存取多个文件。

可通过面板库（Panel Library）实现多个编辑窗口，该库提供的面板管理功能具体如下。

1）使用 newwin() 函数创建一个窗口，它将添加到面板里。

2）创建面板（利用所创建的窗口）并将面板依据用户指定的可见顺序压进栈。调用 new_panel() 函数即可创建该面板。

3）调用 update_panels() 函数即可将面板按正确的顺序写入虚拟屏幕，调用 doupdate() 函数就能让面板显示出来。

4）show_panel()、hide_panel()、move_panel() 等函数分别用于对面板进行显示、隐藏和移动等操作，调用这些函数时可以使用 panel_hidden() 和 panel_window() 这两个辅助函数。

5）可以使用用户指针来存储面板上的数据，set_panel_userptr() 和 panel_userptr() 函数分别用于设置和取得一个面板的用户指针。

6）当一个面板使用完毕后，调用 del_panel() 函数即可删除指定的面板。

示例代码如程序 5-32 所示：

程序 5-32　面板库实现多编辑窗口

```
#include <panel.h>
#include <ncursesw/ncurses.h>
int main(int argc, char *argv[])
{
WINDOW *my_wins[3];
PANEL *my_panels[3];
int lines = 10, cols = 40, y = 2, x = 4, i;
```

```
initscr();
cbreak();
noecho();
/* 为每个面板创建窗口 */
my_wins[0] = newwin(lines, cols, y, x);
my_wins[1] = newwin(lines, cols, y + 1, x + 5);
my_wins[2] = newwin(lines, cols, y + 2, x + 10);
/* 为窗口添加创建边框以便你能看到面板的效果 */
for(i = 0; i < 3; ++i){
box(my_wins[i], 0, 0);
}
/* 按自底向上的顺序，为每个面板关联一个窗口 */
my_panels[0] = new_panel(my_wins[0]);
/* 把面板 0 压进栈，叠放顺序为：stdscr0
*/
my_panels[1] = new_panel(my_wins[1]);
/* 把面板 1 压进栈，叠放顺序为：stdscr01
*/
my_panels[2] = new_panel(my_wins[2]);
/* 把面板 2 压进栈，叠放顺序为：stdscr012*/
/* 更新栈的顺序。把面板 2 置于栈顶 */
update_panels();
/* 在屏幕上显示 */
doupdate();
getch();
endwin();
}
```

编译并运行程序 5-32：

```
$ gcc -o mytest 5-32.c -lncursesw -lpanel
$ ./mytest
```

程序 5-32 的运行效果如图 5-20 所示，屏幕上显示了三个窗口。其中，每个窗口都是一个面板，每个面板都关联一个窗口。

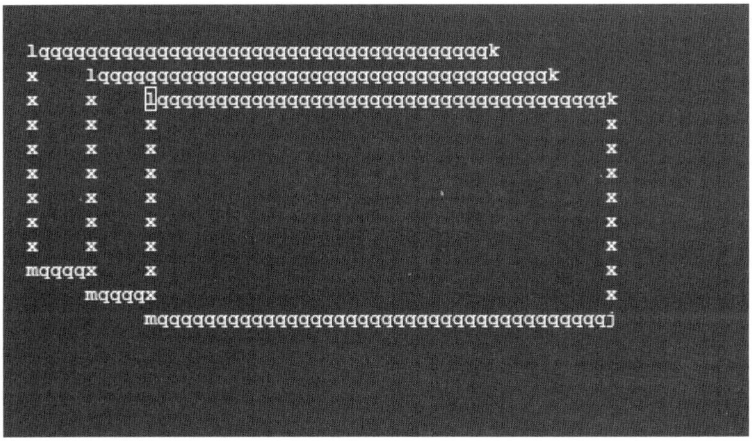

图 5-20　面板库实现多编辑窗口

第二步，将面板库引入全屏编辑器中，通过 panel 的支持，让它能够同时打开 3 个窗口编辑不同的内容，同时对 3 个窗口的内容进行保存。示例代码如程序 5-33 所示：

程序 5-33　多窗口全屏编辑器

```
#include <locale.h>
#include <stdio.h>
#include <panel.h>
#include <ncursesw/ncurses.h>
//code by myhaspl@myhaspl.com
//date:2014/1/17
int isExist(char *filename)
{
        return (access(filename, 0) == 0);
}
int main(int argc, char *argv[])
{
        MEVENT event;
        setlocale(LC_ALL,"");
        initscr();
        clear();
        noecho();
        cbreak();
        if(has_colors() == FALSE)
        {
        endwin();
        printf(" 你的终端不支持色彩！\n");
        return (1);
        }
        start_color(); /* 启动 color 机制 */
        mvprintw(3,COLS/2-10," 简单编辑器 - 仅限于单个屏幕的编辑 ");
        mvprintw(4,COLS/2-20,"【F9 读取保存的内容，F10 存盘，F11 退出，F12 删除整行，TAB 换
窗口 】");
        refresh();
        init_pair(1, COLOR_GREEN, COLOR_BLACK);
        init_pair(2, COLOR_BLUE, COLOR_BLACK);
        init_pair(3, COLOR_RED,COLOR_BLACK);
    WINDOW *mywins[3];
    PANEL *top;
        PANEL *mypanels[3];
    char filename[10];
        int width=COLS-18;
        int height=LINES-18;
        int x,y;
    int begin_y=5;int begin_x=5;
    int i;
    for(i = 0; i < 3; ++i)
    {
        mywins[i]=newwin(height,width,begin_y,begin_x);// 新窗口 ( 行，列 ,begin_
y,begin_x)
                keypad(mywins[i],TRUE);
```

```
        wattron(mywins[i],COLOR_PAIR(i+1));
    mypanels[i] = new_panel(mywins[i]);
    box(mywins[i],ACS_VLINE,ACS_HLINE);
        wattroff(mywins[i],COLOR_PAIR(i+1));
    begin_y+=4;begin_x+=4;
}
set_panel_userptr(mypanels[0],mypanels[1]);
set_panel_userptr(mypanels[1],mypanels[2]);
set_panel_userptr(mypanels[2],mypanels[0]);
top = mypanels[2];
update_panels();
doupdate();
int nowwinid=2;
sprintf(filename,"myed%d.dat",nowwinid);
getyx(mywins[nowwinid],y,x);
    ++y;++x;
    mmask_t oldmousemask;
    int ans=0;
    FILE *fp2=NULL;
    FILE *fp1=NULL;
    mousemask(ALL_MOUSE_EVENTS, &oldmousemask);
    while(1){
            int c=mvwgetch(mywins[nowwinid],y,x);
            switch(c)
            {       case KEY_MOUSE:
                    if(getmouse(&event) == OK)
                    {       /* When the user clicks left mouse button */
                            if(event.bstate & BUTTON1_PRESSED)
                            {
                                        y=event.y-7;x=event.x-7;
                                        wmove(mywins[nowwinid],y,x);
                            }

                    }
                    break;
                    case KEY_BACKSPACE:
                        --x;
                        if (x<1){
                                --y;x=width-2;
                        }
                        if (y<1){
                                y=height-2;
                        }
                        mvwprintw(mywins[nowwinid],y,x," ");
                        break;
                    case KEY_RIGHT:
                        ++x;
                        if (x>=width-1) {
                                ++y;
                                x=1;
```

```
                                    }
                                    break;
                        case KEY_LEFT: --x;
                                    if (x<1){
                                            --y;
                                            x=width-2;
                                    }
                                    break;
                        case KEY_UP:
                                    --y;
                                    if (y<1){
                                            y=height-2;
                                    }
                                    break;
                        case KEY_DOWN:
                                    ++y;
                                    if (y>=height-1){
                                            y=1;
                                    }
                                    break;
                        case 10:
                                    ++y;
                                    if (y>=height-1){
                                            y=1;
                                    }
                                    break;
                        case KEY_F(11):
                                    // 退出
                                    mvprintw(LINES-3,2,"                    ");
                                    mvprintw(LINES-3,2,"退出编辑器吗?        ");
                                    mvprintw(LINES-2,2,"     ");
                                    mvprintw(LINES-1,2,"     \n");
                                    refresh();
                                    ans=getch();
                                    if (ans=='Y' ||ans=='y')
                                    {
                                            mvprintw(LINES-2,2,"是\n");
                                            refresh();
                                            wattroff(mywins[nowwinid],COLOR_PAIR(1));
                                            mousemask(oldmousemask,NULL);
                                            endwin();
                                            return 0;
                                    }else
                                            mvprintw(LINES-2,2,"否\n");
                                            refresh();
                                    break;

            case 9:
                top = (PANEL *)panel_userptr(top);
                top_panel(top);
```

```
            update_panels();
            doupdate();
            nowwinid=(++nowwinid)%3;
            sprintf(filename,"myed%d.dat",nowwinid);
            break;
                    case KEY_F(10):
                            // 存盘
                            mvprintw(LINES-3,2,"                        ");
                            mvprintw(LINES-3,2," 保存当前内容吗?      ");
                            mvprintw(LINES-2,2,"    ");
                            mvprintw(LINES-1,2,"      \n");
                            refresh();
                            ans=getch();
                            if (ans=='Y' ||ans=='y')
                            {
                                    mvprintw(LINES-3,2,"            ");
                                    fp1 = fopen(filename,"wb");
                                    if (fp1!=NULL){
                                            int jg= putwin(mywins [nowwinid],
fp1);

                                            fclose(fp1);
                                            if (jg==OK)  mvprintw(LINES-1,2,"
保存成功!\n");

                                    }
                                    mvprintw(LINES-3,2," 保存当前内容吗?  ");
                                    mvprintw(LINES-2,2," 是 \n");
                                    refresh();
                            }else
                                    mvprintw(LINES-2,2," 否 \n");
                                    refresh();
                            break;
                    case KEY_F(9):
                            // 读取存盘
                            mvprintw(LINES-3,2,"                        ");
                            mvprintw(LINES-3,2," 读取保存的内容吗?      ");
                            mvprintw(LINES-2,2,"     ");
                            mvprintw(LINES-1,2,"      \n");
                            refresh();
                            ans=getch();
                            if (ans=='Y' ||ans=='y')
                            {
                                    if (isExist(filename)) {
                                    fp2 = fopen(filename,"rb");
                                    if (fp2!=NULL){
                                            WINDOW *newwin=getwin(fp2);
                                            if (newwin!=NULL) {
                                                    WINDOW *temp=mywins
[nowwinid];
```

```
                                                   mywins[nowwinid]=newwin;
                            delwin(temp);
                            PANEL *temppan=mypanels[nowwinid];
                            mypanels[nowwinid] = new_panel (mywins [nowwinid]);
                            del_panel(temppan);
                            set_panel_userptr(mypanels[0],mypanels[1]);
                            set_panel_userptr(mypanels[1],mypanels[2]);
                            set_panel_userptr(mypanels[2],mypanels[0]);
                            top = mypanels[nowwinid];
                            top_panel(top);
                            update_panels();
                            doupdate();
                            mvprintw(LINES-1,2,"读取成功 !\n");
                                      }
                                              fclose(fp2);
                               }
                               }
                          mvprintw(LINES-3,2,"读取保存的内容吗?      ");
                          mvprintw(LINES-2,2,"是 \n");
                          refresh();
                    }else
                          mvprintw(LINES-2,2,"否 \n");
                          refresh();
                    break;
            case KEY_F(12):
                    // 删除某行
                    wdeleteln(mywins[nowwinid]);
                    winsertln(mywins[nowwinid]);
                    box(mywins[nowwinid],ACS_VLINE,ACS_HLINE);
                    break;
            case KEY_DC:
                    // 删除某个字符
                    mvwprintw(mywins[nowwinid],y,x," ");
                    break;
            default:
                    mvwprintw(mywins[nowwinid],y,x,"%c",c);
                    ++x;
                    if (x>=width-1){
                            ++y;
                            x=1;
                    }
                    if (y>=height-1){
                            y=1;
                    }
        doupdate();
            }
        }
    return 0;
    }
```

编译并运行程序 5-33，结果如下：

```
$ gcc -o mytest 5-33.c -lncursesw -lpanel
$ ./mytest
```

运行效果如图 5-21 所示。

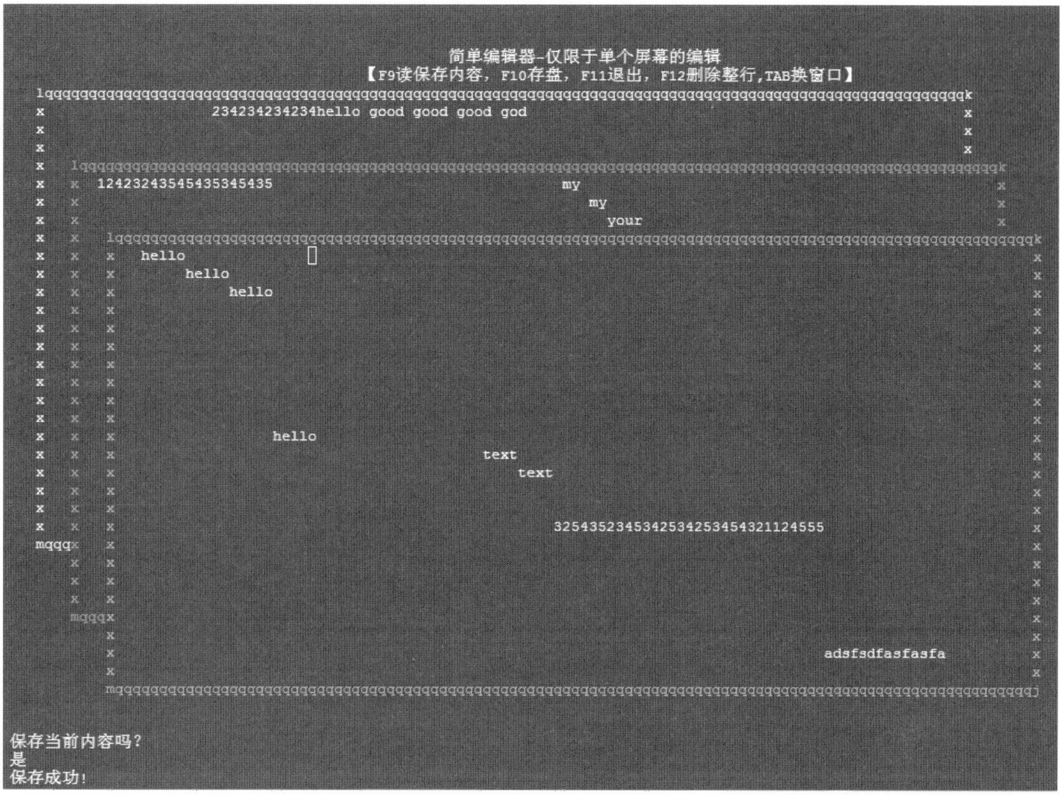

图 5-21 多窗口全屏编辑器

5.5 小结

本章主要介绍了 C 语言的开发基础，包括编译与调试、GLib 函数库、内存管理、Ncurses 库等。首先，本章介绍了编译工具 GCC 与调试工具 GDB 以及自动编译工具 make，GCC 是大多数类 UNIX 操作系统标准的编译器，GDB 是强大的程序调试工具，make 工具能够更灵活地完成编译，作为 C 程序员，掌握 GCC、GDB、make 等工具的使用是非常有必要的，这些工具虽然古老，但它们是 C 语言开发环境的基础配置，几乎能运行在所有平台中。其次，本章还简述了 GLib 函数库的基础知识，GLib 库是 Linux 平台下最常用的 C 语言函数库，它具有很好的可移植性和实用性，也可以在多个平台下使用，GLib 为许多标准 C 结构与算法提供了相应的替代物，它在 C 语言中的地位相当于 C++ 的 Boost 库。接着，本章还介绍了内存管理的原理，同时讲解了 glibc、Jemalloc 的内存分配机制，并实现了一个小型的垃圾收集器。最后，本章还介绍了 Ncurses 库，它是一个能够提供功能键定义、屏幕绘制以及基于文本终端的图形互动功能的动态库，能够提供基于文本终端的窗口功能，Ncurses 库可以控制整个屏幕、创建和管理窗口、使用 8 种不同的色彩、为您的程序提供鼠标支持、还可以使用键盘上的功能键，Ncurses 可以很好地工作在不同的系统平台和终端上。

进 阶 篇

想象力比知识重要。因为知识是有限的，而想象力概括着世界上的一切，推动着世界的进步，并且是知识进化的源泉。

—— 阿尔伯特·爱因斯坦（Albert Einstein）

C 开发技巧集锦

6.1 递归

6.1.1 递归概述

在计算机科学中，递归是指在一个过程或函数中直接或间接调用自身，这是进行循环的一种技巧，递归作为一种算法在 C 程序中应用广泛。递归可以把一个复杂的大型问题层层转化为一个与原问题相似的规模较小的问题来求解，用有限的语句来定义对象的无限集合，只需要少量的程序就可以描述出解题过程中所需要的多次重复计算，从而大大地减少了程序的代码量。

6.1.2 斐波那契数列

递归是完成斐波那契数列计算的方法之一，斐波那契数列由 0 和 1 开始，之后的系数就由之前的两数相加。在数学上，斐波那契数列就是以如下这种递归的方法来定义的：

$$F_0=0，F_1=1，F_{n-1}+F_{n-2}（n \geqslant 2，n \in N^*）$$

程序 6-1 演示了何为斐波那契数列，其中 fib 函数会反复调用自身来实现计算，代码如下：

程序 6-1 斐波那契数列

```
#include <stdio.h>
long fib_n(long,long,int);
int main(){
    fib_n(0, 1, 40);
```

```
        return 0;
    }
int i=0;
long fib_n(long curr,long next,int n) {
    printf("第 %d 项: %ld\n",i++,curr);
        if (n == 0) {
            return curr;
        } else {
            return fib_n(next, curr+next, n-1);
        }
}
```

在程序 6-1 中，主函数 main 以 40 为参数 n 的值，调用 fib，fib 依次输出斐波那契系数的前 41 个值，也是说数列中的前 41 个数（因为第 1 个数 0 不是第一项，而是第零项），编译并运行程序 6-1，结果如下：

```
$ gcc 6-1.c -o mytest
$ ./mytest
第 0 项: 0
第 1 项: 1
第 2 项: 1
第 3 项: 2
第 4 项: 3
第 5 项: 5
第 6 项: 8
第 7 项: 13
第 8 项: 21
第 9 项: 34
第 10 项: 55
第 11 项: 89
第 12 项: 144
第 13 项: 233
第 14 项: 377
第 15 项: 610
第 16 项: 987
第 17 项: 1597
第 18 项: 2584
第 19 项: 4181
第 20 项: 6765
第 21 项: 10946
第 22 项: 17711
第 23 项: 28657
第 24 项: 46368
第 25 项: 75025
第 26 项: 121393
第 27 项: 196418
第 28 项: 317811
第 29 项: 514229
第 30 项: 832040
```

第 31 项：1346269
第 32 项：2178309
第 33 项：3524578
第 34 项：5702887
第 35 项：9227465
第 36 项：14930352
第 37 项：24157817
第 38 项：39088169
第 39 项：63245986
第 40 项：102334155

分析程序 6-1，它的算法可以描述为：fib 函数在数列不为 0 时，进入递归状态，反复调用自己（也就是 fib）。这个过程虽然调用的都是 fib 函数，但每次调用的参数不一定都是一致的，因为每次调用函数，都会将新的参数传送给 fib 函数，每次 fib 函数的执行所需要的参数都是上次 fib 函数在执行过程中传递过来的。此外，函数的参数传递方式是通过函数所属的堆栈完成的，这就意味着虽然递归多次反复调用 fib 函数，但是参数只会在本次 fib 函数执行中用到，使用完毕后堆栈空间就会将本次所用的参数释放。fib 不断对其自身进行调用（代码中的"fib_n(next，curr+next，n-1)"），每调用 fib_n 函数一次，curr 参数就会增长（curr 参数表示数列中的当前项，初始值为 0，每次新值为 next），而 next 参数也在增长（next 参数表示数列中的下一项，初始值为 1，每次新值为 curr+next），n 参数则在减少中（n 是一个计数器，注意这个计数器到 0 才算结束，每次减少 1，n 的初始值为 40，n 控制了生成的斐波那契数列中数值的数量）。

在 n 值等于 0 时，对 fib 函数的所有调用就都结束了，生成的斐波那契数的数量达到了程序的要求。在数列的开始处 (代码中的"n==0"），最后一次调用 fib 函数完成，函数返回了程序要求的数列中最后一个数的计算（代码中的"return curr;"），这时的 curr 等于102334155。

6.1.3　brainfuck 解释器

1. 解释器基础

解释器是一种计算机程序，能够将高级编程语言逐行直接翻译运行。解释器不会一次性将整个程序都翻译出来，而只是像一位"中间人"，每次运行程序时都要先转换成另一种语言再运行，因此解释器的程序运行速度比较缓慢，它每翻译一行程序叙述就会立刻运行，然后再翻译下一行，再运行，如此不停地进行下去。历史上第一个解释器是由 Steve Russell 基于 IBM 704 的机器代码写成的 LISP 的解释器。

解释器的好处是它能够消除编译整个程序的负担，但同时也会让运行时的效率打折扣，编译器并不运行程序或原代码，而是一次将其翻译成另一种语言，如机器码，以供多次运行而无须再经编译，其编译的成品无须依赖编译器而运行，程序运行速度比较快。解释器运行程序的方法包含如下三种。

❑ 直接运行高级编程语言（如 Shell 内置的解释器）。

❑ 将高级编程语言码转换成一些有效率的字节码（Bytecode），并运行这些字节码。

❑ 以解释器包含的编译器对高级语言进行编译，并指示处理器运行编译后的程序。

2. brainfuck 语言概述

brainfuck 语言是一种极小化的计算机语言，它是由 Urban Müller 在 1993 年创建的，是一种简单的、可以用最小的编译器来实现的、符合图灵完全思想的编程语言。brainfuck 语言由八种运算符构成，其计算方式与众不同，主要是基于一种简单的机器模型，除了指令之外，这个机器还包括：一个以字节为单位、被初始化为零的数组，一个指向该数组的指针（初始时指向数组的第一个字节），以及用于输入输出的两个字节流。表 6-1 描述了 brainfuck 的八种状态，其中每个状态均由一个字符标识。

表 6-1 brainfuck 语言的八种状态

字 符	含 义
>	指针加一
<	指针减一
+	指针指向的字节的值加一
-	指针指向的字节的值减一
.	输出指针指向的单元内容（ASCII 码）
,	输入内容到指针指向的单元（ASCII 码）
[	如果指针指向的单元值为零，则向后跳转到对应的"]"指令的次一指令处
]	如果指针指向的单元值不为零，则向前跳转到对应的"["指令的次一指令处

 提示 可在页面 http://www.muppetlabs.com/~breadbox/bf/ 找到这个语言的更多内容，该网址提供了一个不错的简单高效的 brainfuck 解释器。

3. 解释器 C 语言实现

程序 6-2 是 brainfuck 解释器的 C 语言实现，其源码涉及数组、指针、递归等 C 语言技巧。程序 6-2 的代码如下：

程序 6-2 brainfuck 解释器的 C 语言实现

```c
#include <stdio.h>
int  p, r, q;
char a[5000], f[5000], b, o, *s=f;
void interpret(char *c)
{
    char *d; int tmp;
    r++;
    while( *c ) {
        //if(strchr("<>+-,.[]\n",*c))printf("%c",*c);
        switch(o=1,*c++) {
        case '<': p--;          break;
```

```
        case '>': p++;          break;
        case '+': a[p]++;        break;
        case '-': a[p]--;        break;
        case '.': putchar(a[p]); fflush(stdout); break;
        case ',':
            tmp=getchar();
            if (tmp == EOF) a[p]=0;
            else a[p]=tmp;
            break;
        case '[':
            for( b=1,d=c; b && *c; c++ )
                b+=*c=='[', b-=*c==']';
            if(!b) {
                c[-1]=0;
                while( a[p] )
                    interpret(d);
                c[-1]=']';
                break;
            }
    case ']':
            puts("UNBALANCED BRACKETS"), exit(0);

        default: o=0;
        }
        if( p<0 || p>100)
        puts("RANGE ERROR"), exit(0);
    }
    r--;
}
int main(int argc,char *argv[])
{
    FILE *z;

    q=argc;

    if((z=fopen(argv[1],"r"))) {
        while( (b=getc(z))>0 )
            *s++=b;
        *s=0;
        interpret(f);
    }
    return 0;
}
```

按如下方式编译程序 6-2：

```
$ gcc 6-2.c -o bfi
```

编写如程序 6-3 所示的 brainfuck 程序，该程序将在屏幕上输出经典的 "hello，world"。

程序 6-3　brainfuck 程序 6-3.b

```
>+++++++++[<++++++++>-]<.>+++++++[<++++>-]<+.+++++++..+++.[-]>++++++++[<++++>-]
<.#>+++++++++++[<+++++>-]<.>+++++++++[<+++>-]<.+++.------.--------.[-]>++++++++[
<++++>-]<+.[-]++++++++++.
```

用由程序 6-2 生成的 brainfuck 语言解释器运行程序 6-3：

```
$ ./bfi 6-3.b
Hello World!
```

编写如程序 6-4 所示的 brainfuck 程序，完成指定整数内质数的计算：

程序 6-4　指定整数内质数的计算 6-4.b

```
=================================================================
===================== OUTPUT STRING ============================
=================================================================
>++++++++[<++++++++>-]<++++++++++++++++.[-]
>++++++++++[<++++++++++>-]<+++++++++++++++.[-]
>++++++++++[<++++++++++>-]<+++++.[-]
>++++++++++[<++++++++++>-]<+++++++++.[-]
>++++++++++[<++++++++++>-]<+.[-]
>++++++++++[<++++++++++>-]<++++++++++++++++.[-]
>+++++[<+++++>-]<+++++++.[-]
>++++++++++[<++++++++++>-]<+++++++++++++++++.[-]
>++++++++++[<++++++++++>-]<+++++++++++++.[-]
>+++++[<+++++>-]<+++++++.[-]
>++++++++++[<++++++++++>-]<+++++++++++++++++.[-]
>++++++++++[<++++++++++>-]<+++++++++++.[-]
>+++++++[<+++++++>-]<+++++++++.[-]
>+++++[<+++++>-]<+++++++.[-]


=================================================================
===================== INPUT NUMBER  ============================
=================================================================
+                      cont=1
[
 -                     cont=0
 >,
 ======SUB10======
 ----------

 [                     not 10
  <+>                  cont=1
  =====SUB38======
  ----------
  ----------
  ----------
  --------

  >
```

```
=====MUL10=======
[>+>+<<-]>>[<<+>>-]<      dup

>>>+++++++++
[
 <<<
 [>+>+<<-]>>[<<+>>-]<   dup
 [<<+>>-]
 >>-
 ]
 <<<[-]<
 ======RMOVE1======
 <
 [>+<-]
]
<
]
>>[<<+>>-]<<


================================================================
===================== PROCESS NUMBER  =========================
================================================================


==== ==== ==== ====
numd numu teid teiu
==== ==== ==== ====

>+<-
[
 >+
 =====DUP======
 [>+>+<<-]>>[<<+>>-]<

 >+<--

 >>>>>>>>+<<<<<<<<    isprime=1

 [
  >+

  <-

  =====DUP3=====
  <[>>>+>+<<<<-]>>>>[<<<<+>>>>-]<<<

  =====DUP2=====
  >[>>+>+<<<-]>>>[<<<+>>>-]<<< <


  >>>
```

```
====DIVIDES=======
[>+>+<<-]>>[<<+>>-]<   DUP i=div

<<
[
  >>>>>+                 bool=1
  <<<
  [>+>+<<-]>>[<<+>>-]< DUP
  [>>[-]<<-]             IF i THEN bool=0
  >>
  [                      IF i=0
    <<<<
    [>+>+<<-]>>[<<+>>-]< i=div
    >>>
    -                    bool=0
  ]
  <<<
  -                      DEC i
  <<
  -
]

+>>[<<[-]>>-]<<
>[-]<                    CLR div
=====END DIVIDES====


[>>>>>>[-]<<<<<<-]       if divides then isprime=0


<<

>>[-]>[-]<<<
]

>>>>>>>>
[
  -
 <<<<<<<[-]<<

 [>>+>+<<<-]>>>[<<<+>>>-]<<<

 >>
```


==

```
======================= OUTPUT NUMBER  ===================================
==========================================================================
[>+<-]>

[
 ======DUP======
 [>+>+<<-]>>[<<+>>-]<


 ======MOD10====
 >+++++++++<
 [
  >>>+<<              bool= 1
  [>+>[-]<<-]         bool= ten==0
  >[<+>-]             ten = tmp
  >[<<++++++++++>>-]  if ten=0 ten=10
  <<-                 dec ten
  <-                  dec num
 ]
 +++++++++            num=9
 >[<->-]<             dec num by ten

 ======RROT======
    [>+<-]
 <   [>+<-]
 <   [>+<-]
 >>>[<<<+>>>-]
 <

 ======DIV10========
 >+++++++++<
 [
  >>>+<<              bool= 1
  [>+>[-]<<-]         bool= ten==0
  >[<+>-]             ten = tmp
  >[<<++++++++++>>+<-] if ten=0 ten=10   inc div
  <<-                 dec ten
  <-                  dec num
 ]
 >>>>[<<<<+>>>>-]<<<< copy div to num
 >[-]<                clear ten

 ======INC1=========
 <+>
]


<
[
 ======MOVER=========
 [>+<-]
```

```
=======ADD48========
+++++++[<+++++++>-]<->

======PUTC======
<.[-]>

======MOVEL2========
>[<<+>>-]<

<-
]

>++++[<++++++++>-]<.[-]

=================================================================
========================= END FOR =============================
=================================================================


  >>>>>>>
]
<<<<<<<



>[-]<
  [-]
<<-
]

======LF========

++++++++++.[-]
```

用由程序 6-2 生成的 brainfuck 语言解释器运行程序 6-4：

```
$ ./bfi 6-4.b
Primes up to: 20
2 3 5 7 11 13 17 19
```

4. 解释器 main 函数解析

纵观程序 6-2 所示的解释器源码，其 main 函数共分为三个部分：第一部分，以只读的方式打开 brainfuck 语言的源代码文；第二部分，将 brainfuck 源文件按字节逐个复制到数组 f 中，并在最后加上字符串的结束标志 0；第三部分，以数组 f 为参数，递归调用 interpret 函数解释执行 brainfuck 语言的源代码。整个过程如以下代码片断所示：

```
if((z=fopen(argv[1],"r"))) {
    while( (b=getc(z))>0 )
```

```
        *s++=b;
    *s=0;
    interpret(f);
}
```

　　brainfuck 语言解释器以数组为数据中心进行计算，在它的计算模型中，需要一个指向数组的指针，通过这个指针的移动以及对指针指向内容的操作完成所有的计算，因此，程序在开头处声明了解释器的核心，如以下代码片断所示，代码中包含数组 a 与 f，数据 a 用于存放 brainfuck 指令所操作的数据，数组 f 用于存放 brainfuck 语言的代码文件，同时声明指针变量 s 指向 f 数组的第一个元素。

```
char a[5000], f[5000], b, o, *s=f;
```

5. 解释器 interpret 函数解析

　　interpret 函数是实现解释执行 brainfuck 语言的关键。interpret 函数接受数组指针 c（指向存放 brainfuck 语言源代码的数组），然后通过 while 语句逐个字符提取 brainfuck 源代码（因为 brainfuck 源代码中的每个字符就是一条指令），并通过"swith...case..."语句块判断 brainfuck 指令（<、>、+、−、.、,、[、]），从而执行相应的指令。这些指令分为非跳转指令与跳转指令。

　　（1）非跳转指令

　　非跳转指令用于完成除循环之外的其他功能。诸如，移动指针（指针指变量 p，比如代码中的"p"以及"p++"）、对数组（数组指变量 a，代码中的"a[p]++"以及"a[p]--"）的操作、输出（代码中的"putchar(a[p]); fflush(stdout); break;"）和输入（代码中的"case ','"标示的语句块），可通过以下代码片断观察解释器对非跳转指令的处理：

```
void interpret(char *c)
{
    char *d; int tmp;

    r++;
    while( *c ) {
        //if(strchr("<>+-,.[]\n",*c))printf("%c",*c);
        switch(o=1,*c++) {
        case '<': p--;          break;
        case '>': p++;          break;
        case '+': a[p]++;       break;
        case '-': a[p]--;       break;
        case '.': putchar(a[p]); fflush(stdout); break;
        case ',':
          tmp=getchar();
          if (tmp == EOF) a[p]=0;
          else a[p]=tmp;
        .................
        .................
```

```
    }
    r--;
}
```

（2）跳转指令

跳转指令用于完成循环功能。在循环指令的解释执行过程中，递归机制完成了brainfuck语言的"["与"]"指令的解释，"["标示着一段循环的开始，而"]"则标示着一段循环的结束，这意味着循环可以嵌套，可以由多个"["与"]"指令组成多层循环。

❏ [：如果指针指向的单元值为零，则向后跳转到对应的"]"指令的次一指令处。

❏]：如果指针指向的单元值不为零，则向前跳转到对应的"["指令的次一指令处。

但是brainfuck可能存在多种循环，所以必须找到与本次循环开始的"["对应的"]"处，循环的条件通过指针指向的单元值来决定，只要指针指向的内容为0，则循环结束，否则循环继续。

解释器通过如下代码片断所示的操作，完成对应于"["的"]"的查找，在寻找的过程中，需要更新下一步将要执行的brainfuck指令指针（for循环语句中的"c++"），代码片断如下：

```
for( b=1,d=c; b && *c; c++ )
    b+=*c=='[', b-=*c==']';
```

找到循环的结束处之后，对指针指向的单元值（下面代码中的"a[p]"）进行判断，只要单元值不为0，则递归调用interpret函数进行下一条指令的解释，如以下代码片断所示：

```
while( a[p] )
    interpret(d);
```

为防止循环的符号不对应，比如，最后多了循环结束标志"]"而出现了异常，导致程序非正常退出，那么解释器采用的解决方法是提示错误后，直接退出，如以下代码片断所示：

```
case ']':
puts("UNBALANCED BRACKETS"), exit(0);
```

对这两个指令进行解释的全部代码如以下代码片断所示：

```
void interpret(char *c)
{
    char *d; int tmp;

    r++;
    while( *c ) {
        ............
        case '[':
          for( b=1,d=c; b && *c; c++ )
              b+=*c=='[', b-=*c==']';
          if(!b) {
```

```
                     c[-1]=0;
                     while( a[p] )
                         interpret(d);
                     c[-1]=']';
                     break;
                }
            case ']':
                puts("UNBALANCED BRACKETS"), exit(0);

                ................................
```

6.2　字符串操作

本节以 TCC 编译器（编译速度非常快的、开源的 C 语言编译器）的部分源码为例，解说字符串的操作技巧。

6.2.1　复制并截断字符串

程序 6-5 演示了复制并截断字符串的操作，pstrcpy 函数读入缓冲区的指针、缓冲区的大小以及源字符串，将源字符串截断并复制到缓冲区中，程序 6-5 的代码如下：

程序 6-5　复制并截断字符串操作

```
/*****************************************************/
/* copy a string and truncate it. */
PUB_FUNC char *pstrcpy(char *buf, int buf_size, const char *s)
{
    char *q, *q_end;
    int c;
    // 缓冲区大于 0，则可以开始复制字符串。
    if (buf_size > 0) {
        // 计算复制字符串的起始位置
        q = buf;
        q_end = buf + buf_size - 1;
        // 将 buf_size 大小的字符串复制到新字符串中，最后加上字符串终结符 '\0'
        while (q < q_end) {
            c = *s++;
            if (c == '\0')
                break;
            *q++ = c;
        }
        *q = '\0';
    }
// 返回新生成的字符串
    return buf;
}
```

6.2.2　字符串拼接

调用程序 6-5 所示的 pstrcpy 函数，传入指针，可以指定新字符串在缓冲区的位置，因此需要先生成一个大的缓冲区，再将不同的字符串分次截断并复制进来。程序 6-6 演示了字符串的拼接过程，pstrcat 函数通过调用 pstrcpy 函数将新字符串拼接到缓冲区，从而实现字符串的拼接。程序 6-6 的代码如下：

程序 6-6　字符串拼接

```
/* strcat and truncate. */
PUB_FUNC char *pstrcat(char *buf, int buf_size, const char *s)
{
    int len;
    len = strlen(buf);
    // 调用 pstrcpy 函数将新字符串拼接到缓冲区
    if (len < buf_size)
        pstrcpy(buf + len, buf_size - len, s);
    return buf;
}
```

6.2.3　在内存中复制字符串

程序 6-7 演示了如何在内存中直接复制字符串，而不是以字符串终结符为标志进行复制。程序 6-7 的代码如下：

程序 6-7　在内存中复制字符串

```
PUB_FUNC char *pstrncpy(char *out, const char *in, size_t num)
{
    // 通过 memcpy 函数复制字符串
    memcpy(out, in, num);
    // 复制完毕后，在新字符串尾部加上终结符
    out[num] = '\0';
    // 返回字符串的基地址
    return out;
}
```

6.2.4　目录的尾部位置

程序 6-8 所示的 tcc_basename 函数用于查找文件完整路径中的目录部分的尾部位置。其算法过程为：从路径字符串后面向前面查找，直到取出路径中的所有目录部分为止。程序 6-8 的代码如下：

程序 6-8　找到文件完整路径中的目录部分的尾部位置

```
/* extract the basename of a file */
PUB_FUNC char *tcc_basename(const char *name)
{
```

```
// 先找到字符串终结符 0

char *p = strchr(name, 0);

// 然后从后向前移动指针，发现目录分隔符后，停止

while (p > name && !IS_DIRSEP(p[-1]))
    --p;

// 返回目录在文件路径字符串的结尾位置
return p;
}
```

6.2.5　查找文件扩展名

程序 6-9 首先通过程序 6-8 所示的 tcc_basename 函数得到目录部分的结尾位置，然后找到标注扩展名前面的点号，最后返回扩展名。程序 6-9 的代码如下：

程序 6-9　查找文件扩展名

```
/* extract extension part of a file
 *
 * (if no extension, return pointer to end-of-string)
 */
PUB_FUNC char *tcc_fileextension (const char *name)
{
    // 返回目录在文件路径字符串的结尾位置
    char *b = tcc_basename(name);
    // 找到标注扩展名前面的点号
    char *e = strrchr(b, '.');
    // 返回扩展名
    return e ? e : strchr(b, 0);
}
```

6.3　加法溢出

在 C 语言中，只要运算的结果大于数值类型所能表示的数值范围，就会产生溢出，下面以加法溢出为例进行讲解。

6.3.1　溢出原理

如果在运算过程中，计算结果超出了某类型所能表示的范围，就会发生溢出。比如，在 C 语言中，char 类型为一个字节（8 位），属于有符号整型 signed char，该类型能表示的范围为 −128 到 127（−128 在内存中的二进制表示为 1000 0000，127 在内存中的二进制表

示为 0111 1111）；而无符号整型 unsign char 可表示的二进制范围为 0000 0000 到 1111 1111，即 0 到 255。

程序 6-10 演示了有符号整型的加法溢出，因为 90+120 的结果 210（有符号数）无法用 8 位的字节表示，因此就会发生溢出，而 a 加 c 的结果 110 在有符号整型的正常表示范围之内，因此可以正常计算。程序 6-10 的代码如下：

程序 6-10　有符号整型加法溢出示例

```
#include <stdio.h>
int add(char a,char b,char *result){
    *result=a+b;
    return *result;
}
int main(void){
    char a=90;
    char b=120;
    char c=20;
    char res=0;
    char myres;
    myres=add(a,b,&myres);
    printf("%d\n",myres);
    myres=add(a,-b,&myres);
    printf("%d\n",myres);
    myres=add(a,c,&myres);
    printf("%d\n",myres);
}
```

编译并运行程序 6-10，结果如下：

```
$ gcc 6-10.c -o mytest
$ ./ mytest
-46
-30
110
```

6.3.2　溢出应用

下面以 netbsd 系统中（免费的类 UNIX 操作系统，可能是世界上最容易移植的操作系统）关于时间运算的部分源码为例，讲解运算溢出的应用。

程序 6-11 演示了在某个时间点上增加纳秒的任务，首先定义 bintime 结构用于记录时间及其加减运算，然后，bintime_addx 函数检测 frac 成员（纳秒数）在加法运算后是否溢出，如果溢出则向 sec 成员（秒数）进位。其中，uint64_t 类型的 frac 是无符号整数，无符号整数 x 与无符号整数 y 相加的结果，如果表现为 x + y < x，则表示计算结果溢出了。程序 6-11 的代码如下：

程序 6-11　时间及运算溢出

```
#if !defined(_STANDALONE)
struct bintime {
time_t  sec;
uint64_t frac;
};
static __inline void
bintime_addx(struct bintime *bt, uint64_t x)
{
uint64_t u;


u = bt->frac;
bt->frac += x;
if (u > bt->frac)
bt->sec++;
}
// 数据是以补码方式存放在内存中的! 无符号整数溢出的表现为 x + y < x, 就表示溢出了
if (u > bt->frac)
bt->sec++;
......
......
```

程序 6-12 完成了 2 个时间点的相加, 该程序同样利用了溢出原理实现向更高一级时间单位的进位。

程序 6-12　时间点的相加溢出

```
static __inline void

bintime_add(struct bintime *bt, const struct bintime *bt2)
{
uint64_t u;


u = bt->frac;
bt->frac += bt2->frac;
if (u > bt->frac)
    bt->sec++;
    bt->sec += bt2->sec;
}
```

程序 6-12 最后 3 行的 if 条件语句用于检测 bt 结构的 frac 成员是否溢出, 如果溢出, 则秒数进位。

6.4　编译信息的预定义宏

C 语言拥有一些常用的预定义宏, 用于反映编译信息。

6.4.1 __FILE__ 与 __LINE__

__FILE__ 用于指示本行语句所在源文件的文件名，程序 6-13 演示了源文件名的输出：

程序 6-13 源文件名的输出

```
#include <stdio.h>
int main(void)
{
printf("%s\n",__FILE__);
}
```

编译并运行程序 6-13，结果如下：

```
$ gcc 6-13.c -o mytest
$ ./mytest
6-13.c
```

__LINE__ 用于指示本行语句的行号信息，程序 6-14 演示了 __LINE__ 的使用方法：

程序 6-14 行号信息

```
#include <stdio.h>
void main(void)
{
printf("hello,world\n");
printf("%d\n",__LINE__);
printf("%d\n",__LINE__);
};
```

编译并运行程序 6-14，结果如下：

```
$ gcc 6-14.c -o mytest
$ ./mytest
hello,world
5
6
```

6.4.2 #line 与 #error

C 语言可以用 #error 表示停止编译，显示错误信息，还可以用 #line 直接指定下一行的行号及文件名，#line 包含如下两种定义方式：

1）指定行号：

```
#line n
```

2）指定文件名和行号：

```
#line n "filename"
```

程序 6-15 与程序 6-16 分别演示了 #line 与 #error 的使用方式：

程序 6-15　#line 与 #error 的使用 1

```
#line 4 "6-16.c"
#define LINUX
#ifdef WIN32
    printf("win32\n");
#elif defined LINUX
    printf("linux\n %d \n %s\n",__LINE__,__FILE__);
#else
    #error no flag define
    // 如果 Linux 和 Win32 没有定义，则 #error 会显示错误信息，然后停止编译
#endif
}
```

程序 6-16　#line 与 #error 的使用 2

```
#line 1
int main(void){
printf("line 1\n");
printf("line 2\n");
printf("line 3\n");
#include "6-15.c"
```

程序 6-16 的 " #include "6-15.c"" 以及程序 6-15 的 " #line 4 "6-16.c"" 表明：6-15.c 和 6-16.c 拼接后，形成了新的 C 程序，实质上就是程序 6-16，因此，在编译时，只需要编译 6-16.c 即可，编译及运行结果如下：

```
$ gcc 6-16.c -o mytest
$ ./mytest
line 1
line 2
line 3
linux
  8
  6-16.c
```

6.5　C 与汇编语言混合编程

汇编代码包含三个要素：指令助记符（可被直接翻译为机器代码）、数据元素（需要处理的数据）、命令（实现汇编语言特定的一些功能），汇编语言通过大量的助记符实现了机器语言的直译，它是最接近机器语言的语言。

现代计算机的 CPU 运算速度非常快，从程序开发的效率来看，C 语言相比汇编语言更占优势，但从程序运行效率来看，汇编语言拥有比 C 语言更高的运行速度，且能汇编生成

更精简的二进制执行文件，它可以与 C 语言实现混合编程。

6.5.1 寄存器

寄存器是中央处理器内的组成部分但其数量少，能存储的空间有限，寄存器直接安放在中央处理器内，是存储容量有限的高速存贮部件，可用来暂存指令、数据和地址。在中央处理器的控制部件中，寄存器包含有指令寄存器（IR）和程序计数器。在中央处理器的算术及逻辑部件中，包含的寄存器为累加器。

寄存器是存储器层次结构中的最顶端，也是系统操作数据的最快速途径，虽然计算机都拥有内存，但由于 CPU 的运行速度一般要比主内存的读取速度快，访问内存所需要的时间为数个时钟周期，要访问内存的话，就必须等待数个 CPU 周期从而造成浪费，因此内存并不是数据存取最快的装置。后来在现代计算机上使用的 AMD 或 Intel 微处理器在芯片内部集成了大小不等的数据高速缓存和指令高速缓存，它们统称为 cache（高速缓存），cache使得数据访问的速度适应 CPU 的处理速度，其原理是内存中程序执行与数据访问的局域性行为，即在一定的程序执行时间和空间内，被访问的代码集中于一部分，但是这些仍不是数据访问最快的途径。

1. 通用寄存器

通用寄存器既可用于传送和暂存数据，也可参与算术逻辑运算，并保存运算结果，除此之外，它们还各自具有一些特殊功能，因此，C 和汇编的程序员都应熟悉每个寄存器的一般用途和特殊用途，这样才能在程序中做到正确、合理地使用它们。

IA-32 处理器拥有的通用寄存器主要包含如下几种。

- ❏ EAX 和 AX：累加器，所有的 I/O 指令均用它来与外部设备传送信息。
- ❏ EBX 和 BX：在计算存储单元地址时常用作基地址寄存器。
- ❏ ECX 和 CX：保存计数值。
- ❏ EDX 和 DX：进行四字或二字运算时，可以把 EDX（DX）和 EAX（AX）组合在一起存放一个四字或二字长的数据，在对某些 I/O 进行操作时，DX 可以放在 I/O 的端口地址中。
- ❏ ESP 和 SP：堆栈栈顶指针。
- ❏ EBP 和 BP：基址寄存器。
- ❏ ESI 和 SI：源变址。
- ❏ EDI 和 DI：目的变址。

2. 段寄存器

IA-32 处理器拥有 6 个常用的段寄存器，分别如下。

- ❏ CS：代码段寄存器。
- ❏ DS：数据段寄存器。

- ❑ SS：堆栈段寄存器。
- ❑ ES、FS 及 GS：附加数据段寄存器。

3. 标志寄存器与控制寄存器

IA-32 处理器拥有标志寄存器 EFLAGS，用于存放有关处理器的控制标志；此外，它还拥有控制寄存器，用于控制和确定处理器的操作模式以及当前执行任务的特性。

4. 寄存器表示

在 AT&T 汇编中，通用寄存器使用得最为广泛，可通过"% 寄存器名"的方式表示通用寄存器，比如以下代码片断：

```
%ebx 表示 ebx 寄存器
%ecx 表示 ecx 寄存器
```

6.5.2 变量存储分配

汇编的 section .data 段存放着初始化的变量，而 .section .bss 段存放着未初始化的变量。变量的类型主要包含如下几种。

- ❑ .ascii：文本字符串。
- ❑ .asciz：以 NULL 结束的文本字符串。
- ❑ .byte：字节值。
- ❑ .double：双精度浮点数。
- ❑ .float：单精度浮点数。
- ❑ .int：32 位整数。
- ❑ .long：32 位整数。
- ❑ .octa：16 位整数。
- ❑ .quad：8 位整数。
- ❑ .short：16 位整数。
- ❑ .single：单精度浮点数。

程序 6-17 定义了多个不同类型的变量：

程序 6-17　不同类型的变量

```
.section .data
msg:
.ascii "This is a text"
x:
.double 109.45, 2.33, 19.16
y:
.int 89
z:
.int 21, 85, 27
   .equ  a 8
```

观察程序 6-17 可以发现，msg 为字符，x 为双精度浮点数，y 和 z 为整数，a 是一个特别的定义，表示一个静态变量的定义，使用 ".equ 变量名　变量值" 的方式进行定义。

.section .bss 段中变量访问区域的定义规则为：lcomm 为本地内存区域，即本地汇编之外的不能进行访问；而 .comm 是通用内存区域。比如，如下代码片断定义的 num 就为本地内存区域：

```
.lcomm num,20
```

在 C 语言中，变量在内存中拥有自己的位置，这个位置就是变量的地址，可用指针来保存这个地址。而汇编语言中变量包括标记、数据类型、默认值三个部分，标记指示了变量的内存位置，存储的数据类型决定了变量在内存中占有多少字节的空间，默认值决定了变量的初始值。

6.5.3　汇编指令概述

汇编助记符是汇编指令的核心部分，助记符是便于人们记忆、并能描述指令功能和指令操作数的符号，助记符是表明指令功能的英语单词或其缩写，汇编语言采用助记符号来编写程序，比用机器语言的二进制代码编程要方便，其在一定程度上简化了编程过程。

汇编语言的特点是用符号代替了机器指令代码，而且助记符与指令代码一一对应，使用汇编语言能面向机器并较好地发挥机器的特性，从而得到质量较高的程序。

汇编指令码在 section .text 段中编写，使用 .globl _start 指示 _start 标记后的代码为程序启动入口，此外在汇编语言中，"#" 表示注释。

汇编语言中用得较多的助记符是 movl、addl、subl，这 3 个助记符的功能分别是：movl 完成数据的复制，而 addl 完成数据的加法，subl 完成数据的减法，它们的语法格式是：

助记符　源数据　目标数据

例如，如下代码片断用于实现静态分配变量：

```
myvalue:
    .long 190
mess:
    .ascii "hello"
```

addl 与 movl 可以实现将 myvalue 指示的 long 类型变量 190 加 100，然后减 20 的功能，具体如以下代码片断所示：

```
movl myvalue,%ebx
addl $100,%ebx
subl $20,%ebx
movl %ebx,myvalue
```

下面分别以取地址操作与乘法计算介绍汇编程序的编写。

程序 6-18 演示了显示 mynum 变量的地址及其值 8 的操作：

程序 6-18 地址操作

```
.section .data
    mynum:
    .int 8
    mygs:
    .asciz "%x----%x----%x\n"
.section .text
    .globl main
    main:
        leal mynum,%eax # 将 mynum 地址复制到 %eax
        movl (%eax),%ebx# 将 %eax 内地址所指的内容复制到 %ebx
        movl mynum,%ecx# 将 mynum 内容复制到 %ecx 中
        push %ecx
        push %ebx
        push %eax
        push $mygs
        call printf
        push $0
        call exit
```

编译并运行程序 6-18，如以下结果所示，804a018 是 mynum 变量的地址，而 8 是值：

```
$ gcc 6-18.s -o mytest
$ ./mytest
804a018----8----8
```

程序 6-19 演示了用汇编完成乘法计算的操作：

程序 6-19 乘法计算

```
.section .data
.section .text
    .globl main
    main:
        movl $2,%eax

        movl $5,%ebx

        mul  %ebx    #%eax*%ebx->%eax, 无符号乘法

        movl $-2,%eax

        movl  $5,%ebx

        imul  %ebx#%eax*%ebx->%eax, 有符号乘法
```

6.5.4 C 编译执行原理

1. CPU 运算原理

CPU（中央处理器）功能主要是解释计算机指令以及处理计算机软件中的数据，计算机的可编程性主要是指对 CPU 的编程，中央处理器、内部存储器和输入 / 输出设备是现代计算机的三大核心部件。图 6-1 所示的是现代计算机常用的 2 种 CPU 外观图（左边是 Intel 的 Core i3，右边是 AMD 的 Athlon x2）。

图 6-1 CPU 外观图

现在市场上除了 Intel 还有 AMD 以及 ARM 等 CPU，不论是哪种 CPU，一般来说，它都要包括控制单元、执行单元、寄存器等部分（名字可能会有差异，但完成的功能基本上是一致的）。下面以 IA-32 平台为例讲解 CPU 的这 3 个组成部分。

（1）控制单元

控制单元控制处理器进行的操作，它的工作主要包含如下 4 个：从内存中获得指令、对指令进行解码以便进行操作、从内存中获得所需的数据、如果有必要则存储结果。

（2）执行单元

由一个或多个运算逻辑单元构成，运算逻辑单元被专门设计为处理不同数据类型的数学操作，包括简单整数运算、复杂整数运算、浮点运算等。

（3）寄存器

处理器内部存储数据的地方，存储数量有限，速度最快，如果数据在寄存器中，则无须再访问内存。IA-32 平台包括 8 个 32 位通用寄存器，用于存储正在处理的数据。6 个 16 位段寄存器，用于处理内存的分段访问，分段模型将内存分为独立段，使用位于段寄存器的指针进行引用访问，每个段都包括特定类型的数据，通常来说，它们分为指令码、数据段、堆栈段。一个 32 位的指令指针，用于指向要执行的下一条指令码。8 个 80 位寄存器，用于存取浮点数。6 个 32 位寄存器，用于确定处理器的操作模式，8 个 32 位寄存器，用于在调试处理器时包含信息。

（4）指令在处理器中的执行过程

指令计数器从内存中获得下一条指令并使之准备好进行处理。指令解码器用于把获得的指令码解码为微操作，微操作控制处理器芯片内的特定信号，执行指令码的功能。准备微操作后，控制单元将它传送给执行单元进行处理，并获得所有需要存储在正确位置的结果。

所有数据在存储和运算时都要转换为二进制数表示的数字，计算机的数字电路中使用高电平和低电平分别表示 1 和 0，这样通过电平的高低就可以存储任何数据，在硬件层面上，这种由众多逻辑门组成的复杂电路更擅长进行数字信号的处理（即这些信号可理解为数据，它们以 0 与 1 两个状态表示），具体来说，组成处理器的数字集成电路由各种门电路、触发器以及由它们构成的各种组合逻辑电路和时序逻辑电路组成，在时脉的驱动下，控制单元控制执行单元完成所要执行的动作（比如加法、减法、存储等）。

数字电路中，像 a、b、c、d 等 52 个字母（包括大写）、数字以及一些常用的符号（例如 *、#、@ 等）在计算机中存储时使用的全部都是二进制数的方式，为统一表示标准，美国有关的标准化组织出台了 ASCII 编码。以经典的 helloworld 的 C 程序为例，该程序被编译生成二进制机器代码后，这些机器代码最终将被送入执行单元执行，在执行单元这一层面上，并不存在 "helloworld" 这一字符串的概念，"helloworld" 最终会被转换为相应的 ASCII 编码进行数学层次上的运算。那么如何将这些运算结果送出去呢？总线就是运送结果的途径。

总线是现代计算机系统拥有的使各部件之间有效高速传输各种信息的通道，它由一组导线和相关的控制、驱动电路组成，在 PC 中，总线一般分为内部总线、系统总线和外部总线。内部总线是微机内部各外部芯片与 CPU 之间的连线，用于芯片一级的互联；系统总线是微机中各插件板与母板之间的连线，用于插件板一级的互联；外部总线是微机和外部设备之间的连线，微机作为一种设备，通过该总线与其他设备进行通信，可用于设备一级的互联。有了这些总线，CPU 处理的信息能够及时将信息送到输出装置（比如说屏幕），同时也能读入输入信息（比如从键盘输入的数据）进行运算，这样 "helloworld" 才能在屏幕上实现正常输出。

（5）IA-32 的扩展单元

IA-32 为加快浮点数的处理速度，加入了 x87 浮点协处理器，该处理单元能够更快地处理浮点数学运算，如果没有这个扩展单元，则必须用软件来模拟运算，那将会慢很多，此外，奔腾 2 处理器中引入了 MMX 处理复杂的整数算术运算，以应付多媒体应用程序。AMD 在 K6-2 中率先使用了 3D Now 技术，K6-2 是第一个能够执行浮点 SIMD 指令的 x86 处理器，也是第一个支持水平浮点寄存器模型的 x86 处理器，借助 3DNow 技术，K6-2 实现了 x86 处理器上最快的浮点单元，在每个时钟周期内最多可以得到 4 个单精度浮点数结果，是传统 x87 浮点协处理器的 4 倍。

（6）更强大的运算技术

运算量的大量增加，对现代计算机提出了更高的要求（比如说图形处理软件、大型游戏系统、分布式计算系统），多核处理器出现了，多核心中央处理器是在中央处理器芯片或封装中包含多个处理器核心，双核心、三核心、四核心、六核心、八核心、十核心处理器等纷纷出现，这导致了多线程应用程序、分布式应用程序、云计算服务等新技术的出现，随着大数据时代的到来，云计算服务成为这些新技术中最受欢迎的宠儿，其通过网络将庞大的计算处理程序自动分拆成无数个较小的子程序，再由多部服务器所组成的庞大系统进行搜索和计算分析，之后再将处理结果回传给用户，按照云计算专家的乐观估计，用户不再需要一个强大的计算机系统来运行它们的程序，而是将应用交付给云来处理即可。

2. C 程序执行原理

C 语言的源代码被翻译成汇编中间代码，根据 CPU 和操作系统的不同，编译器将这些由助记符为主要组成部分的汇编代码翻译成二进制文件。

以 GCC 编译器为例，在进行 C 语言编译的时候，实质上是使用了一系列的工具，其中包括：预处理器 CPP、编译器前端 GCC/G++、汇编器 as、连接器 ld。

一个编译过程具体包括如下几个阶段。

1）预处理：预处理器 CPP 将对源文件中的宏进行展开。

2）将 C 文件编译成汇编文件。

3）汇编：as 将汇编文件编译成机器码。

4）连接：ld 对目标文件和外部符号进行链接，在链接阶段，所调用到的库函数也从各自所在的库中链接到合适的地方，最终得到一个可执行的二进制文件。

生成可执行的二进制文件之后，处理器执行这个二进制文件，从而完成程序的执行。

6.5.5　汇编调用 C 库函数

在汇编中可通过 call 指令直接调用 C 库函数，参数入栈的顺序是：第一个参数最后一个入栈，按调用的相反顺序入栈。程序 6-20 演示了调用 C 库的 printf 函数输出 "CDEF"的过程：

程序 6-20　汇编语言输出 "CDEF"

```
.section .data
    myvalue:
        .byte 67,68,69,70,0
    mygs:
        .asciz "%s\n"
.section .text
.globl main
    main:
        movl $myvalue,%ecx
        push %ecx
        push $mygs
        call printf
        push $0
        call exit
```

编译并运行程序 6-20，结果如下：

```
$ gcc 6-20.s -o mytest
$ ./mytest
CDEF
```

程序 6-20 中，67、68、69、70 分别是 C、D、E、F 的 ASCII 码，0 是字符串终结符，打印输出的字符串 "CDEF" 的内存地址在 ecx 中，格式参数 "%s\n" 在 mygs 中。先将第 2 个参数 ecx 入栈，再将第 1 个参数 mygs 入栈，最后调用 printf 输出。整个代码的功能是输出与这些 ASCII 码对应的字符串 "CDEF"，相当于程序 6-21 所示的 C 代码。

程序 6-21 C 语言输出 "CDEF"

```
#include <stdio.h>
int main( void )
{
    char myvalue[]={67,68,69,70,0};
    printf( "%s\n" ,myvalue);
    return 0;
}
```

6.5.6 C 内联汇编

1. 内联汇编概述

内联汇编的重要性主要体现在它能够灵活操作，而且可以使其的输出通过 C 变量显示出来，内联汇编可以作为汇编指令与包含它的 C 程序之间的接口。简单地说，内联汇编就是可以让程序员在 C 语言中直接嵌入汇编代码，并与汇编代码交互 C 程序中的 C 表达式，享受汇编的高运行效率。内联汇编的格式是直接在 C 代码中插入以下格式：

```
asm(
....
....
)
```

上述格式中的 "..." 为汇编代码。

程序 6-22 在 result=a*b 和 printf("%d\n", result) 之间插入了一段汇编，这段汇编什么都不做，只是让 nop 指令占用一个指令的执行时间。程序 6-22 的代码如下：

程序 6-22 内联汇编 nop 指令

```
void main(void){
int a=88;
int b=2;
int result=a*b;
asm("nop\n\t"
"nop\n\t"
```

```
"nop\n\t"
"nop");
//4 个 nop 指令，\n\t 表示换行，然后加上 TAB 行首空格，因为每个汇编指令都必须在单独的一行，因此需
要换行，加上制表符是为了适应某些编译器的要求
printf("%d\n",result);
return 0;
}
```

程序 6-22 中，汇编代码之间用"\n\t"间隔，并且每条汇编代码单独占用一行，共有
4 个 nop 指令，每个指令后的"\n\t"表示换行，然后加上 TAB 行首空格，因为每个汇编
指令都必须在单独一行，因此需要换行，加上制表符是为了适应某些编译器的要求。编译
并运行程序 6-22，nop 指令增加了指令的执行时间，程序 6-22 正常输出了乘法的计算结果
176，结果如下所示：

```
$ gcc 6-22.c -o mytest
$ ./mytest
176
```

2. 与 C 交互
（1）直接使用 C 全局变量名
程序 6-23 的内嵌汇编完成了对 2 个 C 程序定义的全局变量 c 和 d 的相加，并将相加结
果存入全局变量 addresult 中。程序 6-23 的代码如下：

程序 6-23　全局变量 c 和 d 的相加

```
#include <stdio.h>
int c=6;
int d=2;
int result;
int main(void){
    asm("pusha\n\t"
    "movl c,%eax\n\t"
    "movl d,%ebx\n\t"
    "add %ebx,%eax\n\t"
    "movl %eax, result\n\t"
    "popa");// 使用全局 C 变量 c 和 d
    printf("%d\n",result);
    return 0;
}
```

程序 6-23 嵌入汇编中，直接使用 C 程序定义的变量名 c、d、result 来操纵它们。编译
并运行程序 6-23，结果如下：

```
$ gcc -o mytest 6-23.c
$ ./ mytest
8
```

（2）局部变量与寄存器绑定

内嵌汇编还可以使用扩展 GNU 的 asm 格式将 C 局部变量与寄存器进行绑定，绑定格式如下：

asm("汇编代码"：输出位置：输入位置：改动的寄存器列表)

上述格式中，输出位置、输入位置的特殊命名规则具体如下。

a 为 eax、ax、al；b 为 ebx 等；c 为 ecx 等；d 为 edx 等；S 为 esi 或 si；D 为 edi 或 di。+ 表示读和写；= 表示写。% 表示如果有必要，则操作数可以与下一个操作数切换。& 表示在内联函数完成之前，可以删除或重新使用操作数。

 提示 内联汇编中涉及寄存器的部分使用 2 个 "%"，例如，可使用 %%eax 表示 eax 寄存器。

程序 6-24 演示了完成 (xa+xb)*2=（6+2）*2=16 的计算过程：

程序 6-24　(xa+xb)*2

```
#include <stdio.h>
int main(void){
    // 格式为：asm("汇编代码"：输出位置：输入位置：改动的寄存器列表)
    //a 为 eax、ax、al;b 为 ebx 等;c 为 ecx 等;d 为 edx 等;S 为 esi 或 si;D 为 edi 或 di
    //+ 表示读和写;= 表示写;% 表示如果有必要，则操作数可以与下一个操作数切换;& 表示在内联函数完成之前，可以删除或重新使用操作数
    int xa=6;
    int xb=2;
    int result;
    //asm volatile 格式的内联汇编，"asm" 表示后面的代码为内嵌汇编，"volatile" 表示编译器不要优化代码，以防优化破坏内联代码组织结构。其中，"asm" 是 "_asm_" 的别名，"volatile" 是 "_volatile" 的别名
    asm volatile(
    "add %%ebx,%%eax\n\t"
    "movl $2,%%ecx\n\t"
    "mul %%ecx\n\t"
    "movl %%eax,%%edx"
     :"=d"(result):"a"(xa),"b"(xb):"%ecx");// 注意扩展方式是使用 2 个 % 来表示
    printf("%d\n",result);
    return 0;
}
```

编译并运行程序 6-24，结果如下：

```
$ gcc -o mytest 6-24.c
$ ./ mytest
16
```

程序 6-24 并没有直接使用变量名与 C 代码进行交互，而是将变量与寄存器绑定，绑定后，对寄存器的操作就是对变量的操作，将 result 与寄存器 edx 绑定，xa 与寄存器 eax 绑

定，xb 与寄存器 ebx 绑定，%ecx 属于需要改动的寄存器。

C 变量在程序 6-24 所示的汇编中的输出位置、输入位置、改动的寄存器列表分别如下：

```
:"=d"(result):"a"(xa),"b"(xb):"%ecx"
```

程序 6-24 汇编计算部分使用双 % 号表示寄存器，如以下代码片断所示：

```
add %%ebx,%%eax\n\t
```

（3）占位符

程序 6-24 直接指定寄存器，此外，还可以采用编译器自主选择寄存器的方式，这样做的好处是：某些寄存器可能正在被 C 语句使用，如果由编译器决定使用哪些寄存器，则能进一步优化程序的运行效率，以减少寄存器之间的冲突。

内联汇编可使用点位符 "r" 实现编译器自主选择寄存器，那么这些变量绑定在哪些寄存器上呢？如何对变量进行操作呢？可使用 %0、%1 这样的符号来代替要操作的寄存器，% 后的数字表示第几个变量，如，%0、%1、…%n 分别表示第 1、2、…n 个变量。

改进程序 6-24，让编译器来决定 result、xa、xb 变量绑定的寄存器，如以下代码片断所示：

```
:"=r"(result):"r"(xa),"r"(xb)
```

以上代码片断的输出和输入列表指定了变量的顺序：result 是第 0 个，xa 是第 1 个，xb 是第 2 个。

在程序 6-24 中引入点位符，如程序 6-25 所示：

程序 6-25　占位符

```
#include <stdio.h>
int main(void){
    int xa=6;
    int xb=2;
    int result;
    // 使用占位符，由 r 表示，编译器自主选择使用哪些寄存器
    asm volatile(
    "add %1,%2\n\t"
    "movl %2,%0"
    :"=r"(result):"r"(xa),"r"(xb));
    printf("%d\n",result);
    return 0;
}
```

编译并运行程序 6-25，结果如下：

```
$ gcc -o mytest 6-25.c
$ ./ mytest
8
```

假设需要完成 xb=xb-xa 的计算，如果按照前面的方法，那么就会出现 xb 被分配 2 个寄存器的问题，如以下代码片断所示：

```
:"=r"(xb):"r"(xa),"r"(xb));
```

使用引用占位符能够有效地解决上述问题，这里指定 xb 使用第 0 个变量绑定的寄存器，那么第 0 个变量就是 xb，即 xb 绑定的寄存器被修改后，结果仍将写回原寄存器。如以下代码片断所示：

```
:"=r"(xb):"r"(xa),"0"(xb));
```

程序 6-26 演示了 xb=xb-xa 的计算以及引用占位符的使用：

程序 6-26　引用占位符的使用

```
#include <stdio.h>
int main(void){
    int xa=2;
    int xb=6;
     asm volatile(
    "subl %1,%0\n\t"
     :"=r"(xb):"r"(xa),"0"(xb));
    printf("%d\n",xb);
    return 0;
}
```

编译并运行程序 6-26，结果如下：

```
$ gcc -o mytest 6-26.c
$ ./mytest
4
```

（4）标识表示变量

用数字来表示变量的顺序也许会很麻烦，可以使用更简单的方法：使用“[标识]”的格式标记绑定后的变量。

程序 6-27 使用标识表示变量，演示了 xb=xb+xa 的计算过程，代码如下：

程序 6-27　标识表示变量

```
#include <stdio.h>
int main(void){
    int xa=6;
    int xb=2;
    asm volatile(
    "add %[mya],%[myb]\n\t"
    :[myb]"=r"(xb):[mya]"r"(xa),"0"(xb));
    printf("%d\n",xb);
    return 0;
}
```

编译并运行程序6-27，结果如下：

```
$ gcc -o mytest 6-27.c
$ ./ mytest
8
```

（5）m 标记

前面的例子对变量进行操作时，都需要将变量值存储在需要修改的寄存器中，然后将它写回内存位置中，直接使用 m 标记可在内存中对数直接进行操作，从而简化了汇编代码。

程序 6-28 演示了直接从 xa 的内存地址中将 xa 取出，而不需要再将 xa 先存储在一个寄存器中。程序 6-28 的代码如下：

程序 6-28　m 标记

```c
#include <stdio.h>
int main(void){
    int xa=2;
    int xb=6;
     asm volatile(
    "subl %1,%0\n\t"
    :"=r"(xb):"m"(xa),"0"(xb));
    printf("%d\n",xb);
    return 0;
}
```

编译并运行程序6-28，结果如下：

```
$ gcc -o mytest 6-28.c
$ ./mytest
4
```

3. 编译器优化

内联汇编部分如果不需要进行编译器优化（优化可能会破坏汇编代码的内部结构，因为汇编代码直接操作寄存器，而寄存器使用优化是编译器提供的功能），则可以在"asm"后使用关键字"volatile"。示例代码如下：

```
asm volatile(
....
....
)
```

如果程序必须与 ANSI C 兼容，则应该使用 __asm__ 和 __volatile__：

```
   __asm__ __volatile__(
    .........
     .........
)
```

程序 6-29 使用"volatile"表示不需要优化：

程序 6-29　不需要优化

```
#include <stdio.h>
int c=10;
int d=20;
int addresult;
int main(void){
    int a=6;
    int b=2;
    int result;
    result=a*b;
    //ANSI C标准的asm还有其他用法，所以这里用__asm__和__volatile__表示内联汇编部分不用
优化（可以使用volatile，但是ANSI C不行），以防优化破坏内联代码组织结构
    printf("%d\n",result);
    __asm__ __volatile__("pusha\n\t"
    "movl c,%eax\n\t"
    "movl d,%ebx\n\t"
    "add %ebx,%eax\n\t"
    "movl %eax, addresult\n\t"
    "popa");// 使用全局C变量c和d
    printf("%d\n",addresult);
    return 0;
}
```

编译并运行程序 6-29，结果如下：

```
$ gcc -o mytest 6-29.c
$ ./mytest
12
30
```

6.6 小结

　　C 语言虽然语法精简，但是功能强大，开发技巧的应用在实战中非常重要，这些技巧实质上是编程思维的一种表现，本章讲解了 C 语言的部分开发技巧，涉及递归、字符串、溢出、预定义编译宏以及 C 与汇编的混合编程等内容。递归部分讲解了递归的原理，并重点讲解了 brainfuck 解释器的实现；字符串部分以文件名操作为例讲解了字符串操作技巧；溢出部分讲解了加法溢出的原理，以及如何利用溢出实现特殊的功能；通过部分预定义宏能够更好地掌控编译信息；汇编的加入能够提高纯 C 程序的执行效率，C 与汇编的混合编程，可使生成二进制执行文件更精简。

第 7 章 Chapter 7

C 并行与网络基础

　　并行计算是指同时使用多种计算资源解决计算问题，是提高计算速度和处理能力的一种有效手段，基本思想是使用多个处理器协同求解同一问题，也就是说，将被求解的问题分解成若干个部分，各部分均由一个独立的处理器来进行并行计算，因此，多进程、多线程计算以及 TCP/IP 编程都是并行计算的基石。

7.1　多进程、多线程基础

　　正在系统上运行的每个程序都是一个进程，每个进程都包含一到多个线程，进程也可能是整个程序或者是部分程序的动态执行，其需要一些资源才能完成工作，例如 CPU 使用时间、存储器、文件以及 I/O 设备，每个 CPU 核心在任意时间内仅能运行一项进程。线程是一组指令的集合或者是程序的特殊段，它可以在程序里独立执行，也可以将它理解为代码运行的上下文，线程可以理解为轻量级的进程，它负责在单个程序里执行多个任务。进程创建、销毁、切换的速度慢，内存、资源占用大，而线程则是编程、调试复杂，可靠性较差。

　　多进程、多线程是指由操作系统负责多个进程以及线程的调度和执行，在单个程序中可同时运行多个进程以及线程完成不同的工作，从软件或者硬件上实现多个进程以及线程的并发执行，支持多进程、多线程能力的计算机能够在同一时间执行多个任务，提升整体的处理性能，进入并行运算状态。多进程具有每个进程之间互相独立、增加 CPU 可扩充性能、降低线程加锁解锁影响等特点；多线程具有无须跨进程边界、程序逻辑和控制方式简单、可以直接共享内存和变量、消耗资源比进程少等特点。

下面以 Linux 平台为例，讲解多进程、多线程的运算。

7.1.1　多进程编程

1. 进程表

Linux 系统内部拥有进程表，其任务是维护系统中的进程，进程表中的一个条目维护和存储着一个进程的相关信息，比如进程号、进程状态、寄存器值，等等，每个进程均拥有以下数据资源。

1）机器码在存储器中的镜像。

2）进程分配到的存储器。存储器的内容包括可运行代码、特定于进程的数据（输入、输出）、调用堆栈、保存运行数据的堆栈。

3）分配给该进程资源的操作系统描述符，诸如文件描述符、数据源和数据终端等。

4）安全特性。如进程拥有者和进程的权限集等。

5）处理器状态。如寄存器内容、物理存储器寻址等。当进程正在运行时，状态通常存储在寄存器中，其他情况则在存储器中。

2. fork 函数

Linux 通常使用 fork 函数实现多进程编程，该函数通过系统调用创建一个与原来的进程几乎完全相同的进程，这两个进程可以做完全相同的事情，在初始参数或传入变量不同的情况下，也可以完成不同的事情。

fork 函数的返回值并不相同，通常分为父进程（创建新进程的进程）、子进程（被创建的进程）两种情况，如果是子进程则返回 0，如果是父进程，则返回新创建的进程的 id，此外，如果创建失败，则返回负值。fork 函数的经典调用格式通常如下所示：

```
int mypid;
mypid=fork();
if   (mypid < 0){
     // 创建进程失败，可能是受到了内存不足或进程总数的限制
     ........
}
else if(mypid == 0){
     // 子进程代码
     ......
}
else{
     // 父进程代码
     .........
}
```

进程调用 fork() 函数之后，系统先为新的进程分配资源，例如，存储数据和代码的空间。然后，把原来的进程的所有值都复制到新的进程中，只有少数值与原来的进程的值不

同，相当于克隆了一个自己。

3. 模拟 SHELL 终端

程序 7-1 通过多进程的方式，实现了模拟 SHELL 终端：

程序 7-1　模拟 SHELL 终端

```c
#include <stdio.h>
#include <sys/wait.h>
#define MAXLINE 100
//execlp模拟SHELL
int main(void){
    int pid;
    int jg,status,len;
    char buf[MAXLINE];
    printf("\n##myhaspl～～ ");//自定义的SHELL提示符
    while(fgets(buf,MAXLINE,stdin)!=NULL){//读入一行
        len=strlen(buf)-1;
        if (buf[len]=='\n'){           // 去除换行符,execlp只接受以NULL结尾
            buf[len]=0;
        }
        pid=fork();
        if (pid<0){
            printf("fork error!\n");
        }
        else if (pid==0){//子进程
            printf("\n");
            if (buf[0]=='Q'&&strlen(buf)==1){//键入Q表示退出SHELL
                exit(200);
            }
            jg=execlp(buf,buf,(char *)0);
            if (jg==-1){//错误
                printf("不能执行:%s\n",buf);
                exit(127);
            }
            exit(0);
        }
        else{//父进程
            if ((jg==waitpid(pid,&status,0))<0){
                printf("waitpid error\n");
            }
            if (WEXITSTATUS(status)==200) {//WEXITSTATUS计算返回值
                printf("退出....\n");
                break;
            }
        printf("\n##myhaspl～～ ");//自定义的SHELL提示符
        }
    }
exit(0);
}
```

观察程序 7-1，程序首先定义 buf 字符串，用于读取用户输入的命令，并调用 printf 函数输出自定义提示符；然后，在 while 循环中，调用 fgets 函数读取用户输入的每一行命令，再通过经典的 fork 函数调用格式创建一个子进程，在子进程中调用 execlp 函数执行外部文件，如果执行成功，则调用 exit 函数返回 127，否则返回 0，当检测到用户输入大写的 Q 时退出 SHELL 环境（调用 exit 函数返回 200）；最后，在父进程中，以子进程的 ID 为参数，调用 waitpid 函数等待子进程的完成，并调用 WEXITSTATUS 宏检测子进程退出时的返回值，以判断用户是否选择退出 SHELL 环境。

编译并运行程序 7-1，在自定义 SHELL 中输入 ls 命令，显示出当前目录的文件。运行结果如下：

```
$ gcc -o mytest 7-1.c
$ ./mytest
##myhaspl ～～ ls
7-1.c  mytest
```

提示：execlp 函数的调用方式如下。

```
int execlp(const char * file,const char * arg,……);
```

execlp 函数从 PATH 环境变量所指的目录中查找符合参数 file 的文件名，找到后便执行该文件，然后将第二个以后的参数当作该文件的 argv[0]、argv[1]……，最后一个参数必须用空指针（NULL）作结束，如果执行成功则函数不会返回，如果执行失败则直接返回 -1，失败原因存储于 errno 中。

7.1.2 多线程委托模型

1. 委托模型概述

多线程委托模型，即有一个 BOSS 线程（主线程），产生 woker 线程（工作线程），boss 线程和 worker 线程并发执行，BOSS 线程的主要任务是创建 worker 线程，将工作线程放入队列中，当有工作可处理时，就唤醒工作线程。

委托模型是目前可靠性较好且效率较高的多线程模式，在主线程的监督下，工作线程执行自己的任务，如果有必要则可将工作结果返回给主线程，主线程保证工作线程的正常运行，在工作线程异常的情况下，可关闭该工作线程重新启动新的工作线程。

2. pthread_create 函数

pthread_create 是类 UNIX 操作系统（UNIX、Linux、Mac OS X 等）创建线程的函数。pthread_create 函数声明如下：

```
int pthread_create(pthread_t *thread, const pthread_attr_t *attr, void *(*start_routine) (void *), void *arg);
```

pthread_create 函数中，第一个参数为指向线程标识符的指针，第二个参数可用来设置线程属性，第三个参数是线程运行函数的起始地址，最后一个参数是运行函数的参数。若线程创建成功，则 pthread_create 返回 0；若线程创建失败，则 pthread_create 返回出错编号。当 pthread_create 返回成功时，新创建的线程将从 start_routine 函数的地址开始执行，进入运行状态（由操作系统的调度决定是否马上开始运行），该函数只有一个万能指针参数 arg，如果需要向 start_rtn 函数传递的参数不止一个，那就需要将这些参数放到一个结构中，然后将这个结构的地址作为 arg 的参数传入。

3. 委托模型实例

程序 7-2 以累加计算和累乘计算为例演示了该模型的使用：

程序 7-2　多线程委托模型

```
#include <pthread.h>
#include <stdio.h>
  //2个工作线程，分别是累加和累乘
void *mycompadd(void *xx){// 参数必须为 void *，然后进行强制类型转换
    int sum=0;
    int *x=(int *)(xx);
    for (int i=1;i<=*x;i++){
        sum+=i;
    }
    printf("add:%d\n",sum);
}
void  *mycompchen(void *xx){// 参数必须为 void *，然后进行强制类型转换
    int sum=1;
    int *x=(int *)(xx);
    for (int i=1;i<=*x;i++){
        sum*=i;
    }
    printf("chen:%d\n",sum);
}


int main(){
    //main 为 boss 线程
    pthread_t threada,threadb;
    // 创建 worker 线程，并执行线程
    int n=3;
    pthread_create(&threada,NULL,mycompadd,&n);// 线程，线程属性，函数，参数。如果有多
个参数，则必须传结构指针
    pthread_create(&threadb,NULL,mycompchen,&n);// 线程，线程属性，函数，参数
    //wait worker 线程，然后合并到 BOSS 线程中
    pthread_join(threada,NULL);
    pthread_join(threadb,NULL);
    return(0);
}
```

程序 7-2 首先定义了 mycompadd 和 mycompchen 函数，这 2 个函数用于完成累加与累乘计算，并在 main 函数中定义了 2 个工作线程变量 threada 与 threadb，调用 pthread_create 函数创建这 2 个工作线程之后；然后，main 主线程（main 函数执行后，本身就是一个线程）调用 pthread_join 函数等待工作线程完成，并合并到主线程中；最后，工作线程执行完毕，main 主程序调用 return 函数随之退出。

编译并运行程序 7-2，2 个工作线程分别完成 1 到 3 的累加（结果为 6）与累乘（结果为 6），结果如下：

```
$ gcc -std=c99 -o mytest 7-2.c -lpthread
$ ./mytest
chen:6
add:6
```

提示：在 Ubuntu 环境中，如果编译提示无法找到 pthread 库，那么请运行以下命令进行安装。

```
$sudo apt-get install glibc-doc
$sudo apt-get install manpages-posix manpages-posix-dev
```

7.1.3　分离线程

1. 线程分离属性

线程分为可分离的线程与不可分离的线程两种：可结合的线程通常会被其他线程（一般是主线程）收回其资源和杀死；其存储器资源是被动释放的；可分离的线程不能被其他线程（包括主线程）回收或杀死，其存储器资源在其终止时由系统自动释放。这就意味着，主线程不用把时间浪费在等待工作线程运行完毕上，但是，主线程也无法知道工作线程的运行状态。

2. pthread_attr_setdetachstate 函数

使用 pthread_attr_setdetachstate 函数可以设置线程分离属性，第 1 个参数是 pthread_attr_t 结构，该结构存储了线程属性，第 2 个参数若设置为 PTHREAD_CREATE_DETACHED 则表示该线程是分离线程，若设置为 PTHREAD _CREATE_JOINABLE 则表示该线程是非分离线程。pthread_attr_setdetachstate 的调用格式如下所示：

```
pthread_attr_setdetachstate(pthread_attr_t *attr, int detachstate)
```

3. 线程分离实例

程序 7-3 创建了不可分离的 threada、threadb 和可分离的 threadc 共 3 个工作线程，threada、threadb 用于完成累加计算，main 主线程调用 pthread_join() 函数等待 threada 完成后，threada 终止并释放自己所占用的系统资源，threadc 运行后自行退出并释放资源。而

threadb 虽然是以不可分离的身份创建的，但是可通过调用 pthread_detach 函数将它动态设置为可分离，这样它运行完毕后就会自动退出，而无需接受 main 主线程的指挥。程序 7-3 的代码如下：

程序 7-3 分离线程

```
#include <pthread.h>
#include <stdio.h>
void *mycompadd(void *xx){// 参数必须为 void *，然后进行强制类型转换
    int sum=0;
    int *x=(int *)(xx);
    int y;
    for (int i=1;i<=*x;i++){
        sum+=i;
    }
    printf("add:%d\n",sum);
}
void  *mycompchen(void *xx){// 参数必须为 void *，然后进行强制类型转换
    int sum=1;
    int *x=(int *)(xx);
    for (int i=1;i<=*x;i++){
        sum*=i;
    }
    printf("chen:%d\n",sum);
}
int main(){
    // 线程分离后，不能再合并
    //main 为 boss 线程，
    pthread_t threada,threadb,threadc;
    pthread_attr_t detachedatrr;
    // 创建 worker 线程，并执行线程
    int n=5;
      pthread_create(&threada,NULL,mycompadd,&n);// 线程，线程属性，函数，参数。线程默认
为可合并
      pthread_create(&threadb,NULL,mycompchen,&n);// 线程，线程属性，函数，参数。线程默认
为可合并

    pthread_attr_init(&detachedatrr);      // 初始化线程属性对象
    pthread_attr_setdetachstate(&detachedatrr,PTHREAD_CREATE_DETACHED);// 直接将线
程设置为可分离不可合并，PTHREAD_CREATE_JOINABLE 为可合并，PTHREAD_CREATE_DETACHED 为可分离，
设置可分离后，不能再合并
        pthread_create(&threadc,&detachedatrr,mycompchen,&n);// 线程，线程属性，函数，参
数，这个线程是可分离不可合并的，可通过线程属性直接进行设定
            pthread_detach(threadb);// 动态分离线程 threadb
    //wait worker 线程，然后合并到 BOSS 线程中
    pthread_join(threada,NULL);
    return(0);
    }
```

编译并运行程序 7-3，threada、threadb 和 threadc 分别完成累加、累乘、累乘运算，结

果如下：

```
$ gcc -std=c99 -o mytest 7-3.c -lpthread
$ ./mytest
chen:120
chen:120
add:10
```

7.1.4 取消线程

1. pthread_cancel 函数

线程除了运行完毕后正常退出以外，还可被取消，从而使得线程中途结束。pthread_cancel 函数可用于撤销线程，该函数的声明方式如下：

```
int pthread_cancel(pthread_t thread)
```

pthread_cancel 向 thread 线程发送终止信号，如果成功则返回 0，否则就为非 0 值。发送成功并不意味着 thread 就会终止，若是在整个程序退出时，要终止各个线程，则应该在成功发送 CANCEL 指令之后，使用 pthread_join 函数，等待指定的线程已经完全退出以后，再继续执行。

2. pthread_setcancelstate 函数

取消某个线程还需要线程本身设置其对 Cancel 信号的反应，pthread_setcancelstate 函数可用于完成该操作，函数的声明方式如下：

```
int pthread_setcancelstate(int state, int *oldstate)
```

pthread_setcancelstate 函数的第 1 个参数 state 可设置两个值：PTHREAD_CANCEL_ENABLE 和 PTHREAD_CANCEL_DISABLE，分别表示收到信号后设为 CANCLED 状态和忽略 CANCEL 信号继续运行，PTHREAD_CANCEL_ENABLE 是默认值。第 2 个参数 old_state 用于保存原来的 Cancel 状态，当 old_state 不为 NULL 时则保存 Cancel 状态以便恢复。

3. pthread_setcanceltype 与 pthread_testcancel 函数

pthread_setcanceltype 函数可用于设置线程取消的时机，该函数用于设置线程是否达到取消点后再取消，函数的声明方式如下：

```
int pthread_setcanceltype(int type, int *oldtype)
```

其中，第 1 个参数 type 可设置为两个值：PTHREAD_CANCEL_DEFERRED 和 PTHREAD_CANCEL_ASYNCHRONOUS，分别表示收到信号后继续运行至下一个取消点再退出和立即执行取消动作并退出。第 2 个参数 oldtype 在不为 NULL 的情况下，用来保存原来的动作类型值。此外，pthread_testcancel 函数可用于检查本线程是否处于 Canceld 状态，如果处于取消状态则取消，否则返回。Pthread_testcansel 函数的声明方式如下：

```
void pthread_testcancel(void)
```

4. 线程取消实例

程序 7-4 演示了线程取消的操作，mycompadd、mycompchen、mycompprint 分别作为累加、累乘与循环打印输出，是工作线程执行的函数，在它们内部，pthread_setcancelstate 函数用于定义线程可取消，同时，pthread_setcanceltype 函数用于设置线程的中止时机。

程序 7-4　撤销线程

```
#include <pthread.h>
#include <stdio.h>
#define MAXTHREADS 3
void *mycompprint(void *xx){// 参数必须为 void *，然后进行强制类型转换
    int oldstate,oldtype;
    pthread_setcancelstate(PTHREAD_CANCEL_ENABLE,&oldstate);// 设置线程是可以中止的
    pthread_setcanceltype(PTHREAD_CANCEL_DEFERRED,&oldtype);// 设置线程推迟中止，
PTHREAD_CANCEL_DEFERRED 为默认值
    int *x=(int *)(xx);
    for (int i=1;i<*x;i++){
        if ((i%250)==0) {// 如果 i 为 250 的倍数则取消
         printf("%dprint:%d\n",*x,i);
         pthread_testcancel();//pthread_testcancel() 检测是否需要取消，设置取消点，如果
有挂起的取消请求，则在此处中止本线程
        }
    }
}
void *mycompadd(void *xx){// 参数必须为 void *，然后进行强制类型转换
    int oldstate,oldtype;
    pthread_setcancelstate(PTHREAD_CANCEL_ENABLE,&oldstate);// 设置线程是可以中止的
    pthread_setcanceltype(PTHREAD_CANCEL_ASYNCHRONOUS,&oldtype);// 设置线程立即中止，
PTHREAD_CANCEL_ASYNCHRONOUS 表示线程立即终止
    int sum=0;
    int *x=(int *)(xx);
    int y;
    for (int i=1;i<=*x;i++){
        sum+=i;
        printf("%dadd%d\n",i,sum);
    }
}
void    *mycompchen(void *xx){// 参数必须为 void *，然后进行强制类型转换
    int oldstate,oldtype;
    pthread_setcancelstate(PTHREAD_CANCEL_DISABLE,&oldstate);// 设置线程是不能中止的
    int sum=1;
    int *x=(int *)(xx);
    for (int i=1;i<=*x;i++){
        sum*=i;
        printf("%dchen%d\n",i,sum);
    }
}
```

```
int main(){
    // 线程分离后，不能再合并
    //main 为 boss 线程
    pthread_t threads[MAXTHREADS];// 创建线程池
    void *status;
    // 创建 worker 线程，并执行线程
    int n1=25;
    int n2=10000;

    pthread_create(&(threads[0]),NULL,mycompprint,&n2);
    pthread_create(&(threads[1]),NULL,mycompadd,&n1);
    pthread_create(&(threads[2]),NULL,mycompchen,&n1);

    for (int i=0;i<MAXTHREADS;i++){
            pthread_cancel(threads[i]);
    }
    for (int i=0;i<MAXTHREADS;i++){
            pthread_join(threads[i],&status);      //wait worker 线程，然后合并到
BOSS 线程中
            if (status==PTHREAD_CANCELED){
                printf("thread%d 已经取消 !\n",i);
            }
            else{
                printf("thread%d 不能被取消 !\n",i);
            }
    }
    return(0);
}
```

观察程序 7-4，mycompprint 函数设置线程在取消点处才能被中止，使数字从 1 开始递增，在数字 i 是 250 的倍数时达到取消点，此时如果检测到取消请求，则中止线程，否则继续运行；mycompadd 函数设置线程可以立即中止；mycompchen 函数设置了不能取消。在 main 主线程中，首先声明了一个线程池（实际上就是线程数组）pthread_t threads[MAXTHREADS]，所有的工作线程均在线程池中进行创建，然后通过 pthread_create 函数创建并运行了 3 个线程，分别运行 mycompprint、mycompadd、mycompchen 函数，再然后，调用 pthread_cancel 函数以试图取消刚刚运行的 3 个线程，最后调用 pthread_join 函数等待 3 个线程的终止。

编译并运行程序 7-4，从运行结果来看，执行 mycompprint 函数的 thread0 将在取消点（数字增加到 250 处）正常中止，thread1 线程负责执行 mycompadd，但还没来得及运行就被立即取消了，thread3 线程设置为不能取消，即使接受了取消命令，也仍须执行到最后才能结束，结果如下所示：

```
$ gcc -std=c99 -o mytest 7-4.c -lpthread
$ ./mytest
1chen1
```

```
2chen2
3chen6
4chen24
5chen120
6chen720
7chen5040
8chen40320
9chen362880
10chen3628800
11chen39916800
12chen479001600
13chen1932053504
14chen1278945280
15chen2004310016
16chen2004189184
10000print:250
thread0 已经取消！
thread1 已经取消！
17chen-288522240
18chen-898433024
19chen109641728
20chen-2102132736
21chen-1195114496
22chen-522715136
23chen862453760
24chen-775946240
25chen2076180480
thread2 不能被取消！
myhaspl@myhaspl: ~ /learn7$
```

5. 线程清理处理

线程在退出时有时需要清理所占有的资源，因此，线程中需要设置线程清理处理程序，线程可以建立多个清理处理程序，pthread_cleanup_push 与 pthread_cleanup_pop 函数可用于自动释放线程资源。pthread_cleanup_push 将清理函数压入堆栈，这样线程在取消时会自动清理；pthread_cleanup_pop 将清理函数移出堆栈，因此这里线程在取消时将不会自动清理。因此，在 pthread_cleanup_push() 与 pthread_cleanup_pop() 之间的中止线程操作 (pthread_exit 和 pthread_cancel) 将执行 pthread_cleanup_push 所指定的清理函数。具体来说，清理函数将在以下任一情形发生时执行。

❑ 调用 pthread_exit（该函数终止调用它的线程并返回一个指向某个对象的指针）时。

❑ 响应取消线程请求时。

❑ 以非 0 参数调用 pthread_cleanup_pop 时。

提示：

1）如果线程只是由于简单的返回而终止，则不会调用清除函数。

2）向 pthread_cleanup_pop 函数传递 0 参数，则不会调用清除函数，但是会清除处于栈顶的清理函数。

3）thread_cleanup_push 与 pthread_cleanup_pop 必须是成对出现的，push 的数量要与 pop 的数量相等，符合先进后出的规律。

程序 7-5 仍以累加、累乘和循环递增为例进行演示，mycompprint 应用 pthread_cleanup_push 与 pthread_cleanup_pop 函数来设置线程清理区域，在该区域内调用的 pthread_testcancel 函数将引发线程清理函数的调用。程序 7-5 的代码如下：

程序 7-5 线程清理

```
#include <pthread.h>
#include <stdio.h>
#define MAXTHREADS 3
void *myclear(void *x){
    printf("clear:%c\n",*((char*)x));
}
void *mycompprint(void *xx){// 参数必须为 void *，然后进行强制类型转换
    int oldstate,oldtype;
    pthread_setcancelstate(PTHREAD_CANCEL_ENABLE,&oldstate);// 设置线程是可以中止的
    pthread_setcanceltype(PTHREAD_CANCEL_DEFERRED,&oldtype);// 设置线程推迟中止，
PTHREAD_CANCEL_DEFERRED 为默认值
    int *x=(int *)(xx);
     pthread_cleanup_push(myclear,  "0");// 压入线程清理堆栈，堆栈包含指向取消过程中执行例
程的指针，即中止前执行一个清理。myclear 为例程名，xxx 为传给例程的参数
    for (int i=1;i<*x;i++){
        if ((i%250)==0) {// 如果 i 为 250 的倍数则取消
        printf("%dprint:%d\n",*x,i);
        pthread_testcancel();//pthread_testcancel() 检测是否需要取消，设置取消点，如果
有挂起的取消请求，则在此处中止本线程
        }
    }
    pthread_cleanup_pop(1); // 从调用线程清理堆栈的顶部移走清理函数指针，但不执行它
}
void *mycompadd(void *xx){// 参数必须为 void *，然后进行强制类型转换
    int oldstate,oldtype;
    pthread_setcancelstate(PTHREAD_CANCEL_ENABLE,&oldstate);// 设置线程是可以中止的
    pthread_setcanceltype(PTHREAD_CANCEL_ASYNCHRONOUS,&oldtype);// 设置线程立即中止，
PTHREAD_CANCEL_ASYNCHRONOUS 表示线程立即终止
    int sum=0;
    int *x=(int *)(xx);
    int y;
    for (int i=1;i<=*x;i++){
        sum+=i;
        printf("%dadd%d\n",i,sum);
    }
}
void    *mycompchen(void *xx){// 参数必须为 void *，然后进行强制类型转换
    int oldstate,oldtype;
    pthread_setcancelstate(PTHREAD_CANCEL_DISABLE,&oldstate);// 设置线程是不能中止的
    int sum=1;
```

```
        int *x=(int *)(xx);
        for (int i=1;i<=*x;i++){
            sum*=i;
            printf("%dchen%d\n",i,sum);
        }

    }
    int main(){
        // 线程分离后，不能再合并
        //main 为 boss 线程
        pthread_t threads[MAXTHREADS];// 创建线程池
        void *status;
        // 创建 worker 线程，并执行线程
        int n1=25;
        int n2=10000;
        pthread_create(&(threads[0]),NULL,mycompprint,&n2);
        pthread_create(&(threads[1]),NULL,mycompadd,&n1);
        pthread_create(&(threads[2]),NULL,mycompchen,&n1);

        for (int i=0;i<MAXTHREADS;i++){
                pthread_cancel(threads[i]);
        }

        for (int i=0;i<MAXTHREADS;i++){
            pthread_join(threads[i],&status);        //wait worker 线程，然后合并到 BOSS 线程
中
            if (status==PTHREAD_CANCELED){
                printf("thread%d 已经取消 !\n",i);
            }
            else{
            printf("thread%d 不能被取消 !\n",i);
            }
        }
        return(0);
    }
```

编译并运行程序 7-5，线程 thread0 负责执行 mycompprint 函数，在接收到取消指令后，thread0 运行至取消点后中止，并以线程池编号为参数调用清理函数 myclear，为方便演示，myclear 仅在屏幕上输出 "clear:0" 字样。如果 thread0 申请了内存、锁等资源，则均应在清理函数中进行清理，并将资源还给系统。程序 7-5 的运行结果如下：

```
$ gcc -std=c99 -o mytest 7-5.c -lpthread
$ ./mytest
1chen1
2chen2
3chen6
4chen24
5chen120
6chen720
```

```
7chen5040
8chen40320
10000print:250
clear:0
thread0 已经取消！
thread1 已经取消！
9chen362880
10chen3628800
11chen39916800
12chen479001600
13chen1932053504
14chen1278945280
15chen2004310016
16chen2004189184
17chen-288522240
18chen-898433024
19chen109641728
20chen-2102132736
21chen-1195114496
22chen-522715136
23chen862453760
24chen-775946240
25chen2076180480
thread2 不能被取消！
```

7.1.5　多线程竞争域

函数 pthread_attr_setscope 和 pthread_attr_getscope 分别用于设置和得到线程的作用域，作用域用于控制线程是否在进程内或在系统级上竞争资源，其可能的值是 PTHREAD_SCOPE_PROCESS（在进程内竞争资源）和 PTHREAD_SCOPE_SYSTEM，（在系统级上竞争资源）。pthread_attr_setscope、pthread_attr_getscope 函数声明如下：

```
int pthread_attr_setscope(pthread_attr_t *attr,int scope);
int pthread_attr_getscope(const pthread_attr_t *attr,int *scope);
```

上述 2 个函数的第一个参数 attr 为线程属性变量，第二个参数 scope 为线程的作用域，若函数成功则返回 0，若失败则返回 -1。

提示：因为 Linux 系统不支持线程属性对象竞争域为系统调度竞争，因此 Linux 下不能将线程的作用域设置为 PTHREAD_SCOPE_PROCESS。

程序 7-6 中的 mycompadd 和 mycompchen 函数演示了通过 pthread_getattr_np 函数获取线程属性后，再以属性为参数调用 pthread_attr_getscope 函数，最后获取线程属性对象竞争域，并输出线程的竞争域属性的过程，代码如下：

程序 7-6　线程竞争域

```
#include <pthread.h>
#include <stdio.h>
```

```
#include <errno.h>
void *mycompadd(void *xx){// 参数必须为 void *，然后进行强制类型转换
    int sum=0;
    int *x=(int *)(xx);
    int contscope;
    pthread_attr_t attr;
    pthread_getattr_np(pthread_self(),&attr);// 获取线程属性
    pthread_attr_getscope(&attr,&contscope); // 获取线程属性对象竞争域
    if (contscope==PTHREAD_SCOPE_SYSTEM){// 系统调度竞争域
        printf("mycompadd 系统竞争 \n");
    }
    if(contscope==PTHREAD_SCOPE_PROCESS){// 进程调度竞争域
        printf("mycompadd 进程竞争 \n");
    }
    for (int i=0;i<*x;i++){
        sum+=i;
    }
    printf("add%d\n",sum);
}
void    *mycompchen(void *xx){// 参数必须为 void *，然后进行强制类型转换
    int sum=1;
    int *x=(int *)(xx);
    int contscope;
    pthread_attr_t attr;

    pthread_getattr_np(pthread_self(),&attr);// 获取线程属性
    pthread_attr_getscope(&attr,&contscope); // 获取线程属性对象竞争域
    if (contscope==PTHREAD_SCOPE_SYSTEM){// 系统调度竞争域
        printf("mycompchen 系统竞争 \n");
    }
    if(contscope==PTHREAD_SCOPE_PROCESS){// 进程调度竞争域
        printf("mycompchen 进程竞争 \n");
    }
    for (int i=1;i<=*x;i++){
        sum*=i;
    }
    printf("chen%d\n",sum);
}


int main(){
    //main 为 boss 线程
    int n=5;
    pthread_t threada,threadb;
    pthread_attr_t attr;
    pthread_attr_init(&attr);
    // 创建 worker 线程，并执行线程
     pthread_attr_setscope(&attr,PTHREAD_SCOPE_SYSTEM); // 设置线程属性对象竞争域为 系
统调度竞争，在整个系统内进行竞争。    因为 Linux 系统不支持 PTHREAD_SCOPE_PROCESS，因此设置为
PTHREAD_SCOPE_PROCESS 时会出错，不成功
```

```
            // 通常 pthread 的这些函数会返回 0 值，表示成功
            // 返回 EINVAL 时表示不正确的可选项
            // 返回 ENOTSUP 时表示系统不支持或权限不够
            if (pthread_attr_setscope(&attr,PTHREAD_SCOPE_PROCESS)==ENOTSUP){// 如果在
Linux 下运行这段程序，则肯定不支持，SOLARIS 支持
                    printf("Linux 系统不支持系统调度竞争 \n");
            }

            pthread_create(&threada,NULL,mycompadd,&n);// 线程，线程属性，函数，参数。如果有多
个参数，则必须传结构指针
            pthread_create(&threadb,&attr,mycompchen,&n);// 线程，线程属性，函数，参数

            sleep(1);
            return(0);
    }
```

编译并运行程序 7-6，main 主线程创建了 2 个工作线程，分别执行 mycompadd、mycompchen 函数，并输出线程的竞争域属性，结果如下：

```
$ gcc -std=c99 -o mytest 7-6.c -lpthread
$ ./mytest
Linux 系统不支持系统调度竞争
mycompchen 系统竞争
chen120
mycompadd 系统竞争
add10
```

7.1.6 线程互斥对象

1. 互斥对象基础

互斥对象本质上可理解为锁，对象互斥锁通常用来保证共享资源操作的完整性，每个对象都对应于一个可称为"互斥锁"的标记，这个标记用于保证在任一时刻，只能有一个线程访问该对象，这些资源通常是内存、文件句柄等数据。如果线程需要访问某资源，就要先获得互斥量，并对其加锁，这样做的目的在于：如果其他线程也想访问这个资源，也要获得该互斥量，但资源已加锁，那就只能阻塞等待，直到占有该资源的线程解锁为止。

锁操作主要包括加锁 pthread_mutex_lock、解锁 pthread_mutex_unlock 和测试加锁 pthread_mutex_trylock，锁在某一时刻只能被一个线程占有，而不能被两个或更多的线程同时得到，因此，如果无法得到锁，就必须等待解锁。同一进程中的线程，如果加锁后没有解锁，则任何其他线程都无法再获得锁，线程在使用完资源后必须解锁，否则可能会引起死锁。这些函数的声明具体如下：

```
int pthread_mutex_lock(pthread_mutex_t *mutex)
int pthread_mutex_unlock(pthread_mutex_t *mutex)
int pthread_mutex_trylock(pthread_mutex_t *mutex)
```

调用 pthread_mutex_lock 函数并返回后，互斥锁被锁定，线程调用该函数让互斥锁上锁，如果该互斥锁已被另一个线程锁定和拥有，则调用该线程将发生阻塞，直到该互斥锁变为可用为止。如果互斥锁类型为 PTHREAD_MUTEX_NORMAL，则不提供死锁检测；如果互斥锁的类型为 PTHREAD_MUTEX_ERRORCHECK，则会提供错误检查；如果互斥锁的类型为 PTHREAD_MUTEX_RECURSIVE，则会保留锁定计数；如果互斥锁的类型是 PTHREAD_MUTEX_DEFAULT，那么以递归方式锁定该互斥锁将会产生不确定的行为。

pthread_mutex_lock 函数负责释放互斥锁，与 pthread_mutex_lock 成对存在。

pthread_mutex_trylock 函数以非阻塞的方式锁定互斥锁，即如果参数 mutex 所指定的互斥锁已经被锁定的话，那么函数不会阻塞当前线程，而是立即返回一个值来描述互斥锁的状况。

程序 7-7 演示了互斥对象及锁的使用，该程序通过多个线程同时运算，完成 1+1/2+1/3+......+1/n 的计算。程序 7-7 的代码如下：

程序 7-7 互斥对象及锁

```
#include <pthread.h>
#include <stdio.h>
#define MAXS 1000
    pthread_mutex_t mutex;
    double myjg[MAXS+1];// 计算结果的存放位置
    int max;
void *mycomp(void *x){// 计算 1/i 的结果，并将计算结果放在一个数组中
    int i;
    pthread_mutex_lock(&mutex); // 互斥临界区，完成对 i 的累加，保证 i 不会被多个线程同时修改
    myjg[0]++;
    i=myjg[0];//myjg[0] 存放着线程已经计算到的 i
    pthread_mutex_unlock(&mutex);
    myjg[i]=(1/(double)i);
    printf("1/%d finished,result %.10f\n",i,myjg[i]);
}
void *myprint(void *xx){// 将计算结果进行累加，最终完成 1+1/2+1/3+......+1/n 的计算
int maxi;
double jg;
    while(1)
    {
    sleep(1);
    pthread_mutex_lock(&mutex); // 互斥临界区，取出正确的 i，保证此时没有线程写 i
    maxi=myjg[0];
        pthread_mutex_unlock(&mutex);
        if (maxi>=max){//1/i 已经计算完毕
                for (int i=1;i<=max;i++){
                        jg+=myjg[i];
                        printf("%.10f added\n",myjg[i]);
                }
        printf("result:%.10f\n",jg);// 输出累加结果
        break;
```

```
        }
    }
}
int main(){
// 计算 1+1/2+1/3+......+1/n
    pthread_t threads[MAXS+1];
    printf("please input an integer:(<=%d)",MAXS);
    while (scanf("%d",&max),max>MAXS){//n 的最大值
            printf("please input an integer:(<=%d)",MAXS);
    };
    myjg[0]=0;
    pthread_create(&(threads[0]),NULL,myprint,NULL);
    for (int i=1;i<=max;i++){
        pthread_create(&(threads[i]),NULL,mycomp,NULL);
    }
    sleep(1);
    for (int i=0;i<=max;i++){
        pthread_join(threads[i],NULL);
    }
    pthread_mutex_destroy(&mutex);
    return(0);
}
```

观察程序 7-7 可以发现，该程序首先定义了 pthread_mutex_t 类型的互斥对象 mutex 以及存放计算结果的数组 myjg，myjg 中的元素从索引 1 开始分别用于存放 $1/i$（$i=1, 2, \cdots, n$）的结果，索引 0 处的元素也是所有线程抢占的资源，它将保存最后的计算结果；然后，定义如下函数。

（1）mycomp 函数

mycomp 函数调用 pthread_mutex_lock 与 pthread_mutex_unlock 建立互斥临界区，以保证 i 不会同时被多个线程修改，在完成对 i（存放在 myjg 的索引为 0 的元素中）的累加，并读取 myjg[0] 为新的 i 值后，释放锁资源；接着，完成 1 次计算 $1/i$ 的任务，将计算结果放在数组 myjg 的索引为 i 的元素中；最后实时输出 $1/i$ 的运算结果，并结束线程。mycomp 函数由工作线程执行。

（2）myprint 函数

myprint 函数将计算结果进行累加，最终完成 1+1/2+1/3+......+1/n 的计算。myprint 函数建立了一个循环，在循环中其调用 sleep 函数将执行机会让给其他工作线程，当 myprint 本身再次得到 CPU 执行权之后，使用 pthread_mutex_lock 与 pthread_mutex_unlock 建立互斥临界区，并在临界区内通过 myjg[0] 读取 i 值，赋值给 maxi，maxi 值反映了当前工作线程调用 mycomp 函数计算的进度，当 maxi 大于需要计算的分母 n 时，表示负责执行 mycomp 函数的工作线程已经完成了所有参加加法运算的浮点数计算，此时可进行加数的汇总，将加数累加至变量 jg 后，再调用 print 函数输出累加结果。

（3）main 函数

main 函数是主线程，通过 pthread_create 函数创建所有的工作线程之后，再调用 pthread_join 函数等待工作线程的完成，这些工作线程包括执行 myprint 函数累计加数的 1 个线程以及执行 mycomp 函数计算加数的若干线程。

编译并运行程序 7-7，输入 n 值为 20，若干个工作线程计算了每个加数并将结果输出到屏幕中，最后由执行 myprint 函数的工作线程汇总计算加数，输出最终的计算结果为 3.5977396571。整个过程如下所示：

```
$ gcc -std=c99 -o mytest 7-7.c -lpthread
$ ./mytest
please input an integer:(<=1000)20
1/1 finished,result 1.0000000000
1/2 finished,result 0.5000000000
1/3 finished,result 0.3333333333
1/4 finished,result 0.2500000000
1/5 finished,result 0.2000000000
1/6 finished,result 0.1666666667
1/7 finished,result 0.1428571429
1/9 finished,result 0.1111111111
1/8 finished,result 0.1250000000
1/11 finished,result 0.0909090909
1/12 finished,result 0.0833333333
1/13 finished,result 0.0769230769
1/14 finished,result 0.0714285714
1/16 finished,result 0.0625000000
1/17 finished,result 0.0588235294
1/15 finished,result 0.0666666667
1/10 finished,result 0.1000000000
1/18 finished,result 0.0555555556
1/19 finished,result 0.0526315789
1/20 finished,result 0.0500000000
1.0000000000 added
0.5000000000 added
0.3333333333 added
0.2500000000 added
0.2000000000 added
0.1666666667 added
0.1428571429 added
0.1250000000 added
0.1111111111 added
0.1000000000 added
0.0909090909 added
0.0833333333 added
0.0769230769 added
0.0714285714 added
0.0666666667 added
0.0625000000 added
0.0588235294 added
```

```
0.0555555556 added
0.0526315789 added
0.0500000000 added
result:3.5977396571
```

2.共享内存区

共享内存区允许多个不相关的进程去访问同一部分逻辑内存,若需要在两个运行中的进程之间传输数据,那么这将是一种效率极高的解决方案,内存区映射到共享它的进程的地址空间后,进程间数据的传输便不再涉及内核,可以减少系统调用时间,提高程序效率。共享内存是为一个进程创建的一个特殊的地址范围,它将出现在进程的地址空间中,其他进程可以把同一段共享内存段"连接到"它们自己的地址空间里去。

所有进程都可以访问共享内存中的地址。如果一个进程向这段共享内存中写了数据,那么访问同一段共享内存的其他进程会立刻看到所做的改动,这就意味着使用共享内存需要非常小心,内存本身并没有提供自动同步和自动锁功能,这些访问同步问题将由程序员负责。

mmap 函数通常用于将一个文件或一个共享内存区对象映射到调用进程的地址空间中。mmap 函数主要包含如下用途。

❑ 使用普通文件以提供内存映射 I/O。

❑ 使用特殊文件以提供匿名内存映射。

❑ 使用 shm_open 以提供无父子关系的进程间共享内存区。

mmap 函数的声明如下:

```
void *mmap(void *addr,size_t len,int prot,int flag,int filedes,off_t off);
```

mmap 函数的参数主要包括:addr 指向映射存储区的起始地址,通常将其设置为 NULL,这表示由系统选择该映射区的起始地址;len 为映射的字节;prot 是对映射存储区的保护要求,可将 prot 参数指定为 PROT_NONE、是 PROT_READ(映射区可读)、PROT_WRITE(映射区可写)、PROT_EXEC(映射区可执行)等任意组合的按位或,也可以是 PROT_NONE(映射区不可访问),对指定映射存储区的保护要求不能超过文件 open 模式的访问权限;flag 表示 lag 标志位;filedes 表示被映射文件的描述符,在将该文件映射到一个地址空间之前,需要先打开该文件;off 是需要映射的字节在文件中的起始偏移量。

与 mmap 函数相反,munmap 函数的功能是解除存储映射,其声明如下:

```
int munmap(caddr_t addr,size_t len);
```

munmap 函数的参数主要有:addr 表示指向映射存储区的起始地址,len 为映射的字节。函数成功则返回 0,若函数出错则返回 −1。如果执行成功,那么再次访问这些地址将会导致函数向调用进程产生一个 SIGSEGV 信号。

shm_open 函数打开或创建一个共享内存区,其声明如下:

```
int shm_open(const char *name,int oflag,mode_t mode);
```

shm_open 函数的主要参数有：name 为共享内存区的名字，cflag 为标志位，mode 为权限位，若函数成功则返回 0，若函数出错则返回 −1。

此外，普通文件或共享内存区对象的大小都可通过调用 ftruncate 函数进行修改，该函数的第 2 个参数表示大小，函数声明如下：

```
int ftruncate(int fd,off_t length);
```

建立共享内存区对象主要包含以下 2 个步骤。

1）指定一个名字参数调用 shm_open，以创建一个新的共享内存区对象，或者打开一个已存在的共享内存区对象。

2）调用 mmap 将这个共享内存区映射到调用进程的地址空间，传递给 shm_open 的名字参数，随后再由希望共享该内存区的任何其他进程使用。

3. 互斥对象共享

互斥对象既可以是进程专用的（进程内）变量，也可以是系统范围内的（进程间）变量，要想在多个进程中的线程之间共享互斥对象，可以在共享内存中创建互斥对象，pthread_mutexattr_setpshared 函数用于设置互斥锁变量的作用域，该函数声明如下：

```
int pthread_mutexattr_setpshared(pthread_mutexattr_t *mattr, int pshared)
```

如果将函数的第 2 个参数 pshared 设置为 PTHREAD_PROCESS_SHARED，那么互斥对象可被多个进程的线程所共享；如果将 pshared 设置为 PTHREAD_PROCESS_PRIVATE，则仅有那些由同一个进程创建的线程才能够处理该互斥对象。

程序 7-8 通过 2 个进程协作完成累加操作，该程序演示了互斥对象在进程之间的共享操作：

程序 7-8　互斥对象共享

```
#include <sys/stat.h>
#include <fcntl.h>
#include <sys/mman.h>
#include <unistd.h>
#include <pthread.h>
#include <stdio.h>
#include <stdlib.h>
int main(void){
//2个进程，一个进程完成每次加1，另一个进程完成每次加2，2个进程协作完成累加，使用共享内存的方
式在进程间进行通信
    int *x;
    int rt;
    int shm_id;
    char *addnum="myadd";
    char *ptr;
    pthread_mutex_t mutex;// 互斥对象
```

```
        pthread_mutexattr_t mutexattr;//互斥对象属性
        pthread_mutexattr_init(&mutexattr);//初始化互斥对象属性
        pthread_mutexattr_setpshared(&mutexattr,PTHREAD_PROCESS_SHARED);//设置互斥对象
为PTHREAD_PROCESS_SHARED共享，即可在多个进程的线程中访问，PTHREAD_PROCESS_PRIVATE为同一进程
的线程共享
        rt=fork();//复制父进程，并创建子进程
        if (rt==0){//子进程完成 x+1
                shm_id=shm_open(addnum,O_RDWR,0);    ptr=mmap(NULL,sizeof(int),PROT_
READ|PROT_WRITE,MAP_SHARED,shm_id,0);/*连接共享内存区*/
                x=(int *)ptr;
                for (int i=0;i<10;i++){//加10次。相当于加10
                pthread_mutex_lock(&mutex);
                (*x)++;
                printf("x++:%d\n",*x);
                pthread_mutex_unlock(&mutex);
                sleep(1);
                }
        }
        else{//父进程完成 x+2
                shm_id=shm_open(addnum,O_RDWR|O_CREAT,0644);
                    ftruncate(shm_id,sizeof(int));   ptr=mmap(NULL,sizeof(int), PROT_
READ|PROT_WRITE,MAP_SHARED,shm_id,0);/*连接共享内存区*/
                x=(int *)ptr;
                for (int i=0;i<10;i++){//加10次，相当于加20
                        pthread_mutex_lock(&mutex);
                        (*x)+=2;
                        printf("x+=2:%d\n",*x);
                        pthread_mutex_unlock(&mutex);
                        sleep(1);
                }
        }
        shm_unlink(addnum);//删除共享名称
        munmap(ptr,sizeof(int));//删除共享内存
        return(0);
    }
```

观察程序 7-8 可以发现，程序设置了全局变量 x，创建了 2 个进程，1 个进程完成每次加 1，另 1 个进程完成每次加 2，2 个进程协作完成累加，使用共享内存的方式在进程间进行通信。这 2 个进程的功能具体如下。

1）加 1 是由子进程来完成的，子进程首先通过 shm_open 函数打开名为"myadd"的共享内存区对象。然后调用 mmap 函数连接共享内存区，将 mmap 的第 1 个参数 addr 设置为 NULL，这样就将由系统选择该映射区的起始地址；因为即将操作的数字仅有 1 个且是 int 整型，所以将第 2 个参数 len 设为 int 类型的大小 sizeof(int)；第 3 个参数值 PROT_READ|PROT_WRITE 表示该内存区是可读写的；第 4 个参数值 MAP_SHARED 表示存储操作修改映射文件。最后，在互斥对象锁 mutex 的保护下，取出内存区的地址，并将地址指向的整型数增加 1。最后，调用 sleep 函数把执行机会让给其他进程，这是循环进行的，直

到加 10 次为止才结束循环，退出进程。

2）加 2 是由父进程完成的，父进程与子进程类似，首先，调用 shm_open，并通常将其的第 2 个参数标志位设置为 O_RDWR|O_CREAT，以实现共享内存区的创建，内存区名为"myadd"。然后，ftruncate 函数调整共享内存区的大小为一个整型数，并使用 mmap 连接该内存区。最后在互斥对象锁 mutex 的保护下，取出内存区的地址，并将地址指向的整型数增加 2，调用 sleep 函数把执行机会让给其他进程，循环进行 10 次。

编译并运行程序 7-8，结果如下，从运行结果中可以看出，x 通过 2 个进程在互斥对象的保护下实现了加 1 或加 2 的运算。程序 7-8 的代码如下：

```
$gcc -std=c99 -o mytest 7-8.c -lpthread –lrt
$ ./mytest
x+=2:2
x++:3
x+=2:5
x++:6
x+=2:8
x++:9
x+=2:11
x++:12
x+=2:14
x++:15
x+=2:17
x++:18
x+=2:20
x++:21
x+=2:23
x++:24
x+=2:26
x++:27
x+=2:29
x++:30
```

7.1.7　线程专有数据

每个线程都可以拥有专有数据，这些私有数据采用的是一种被称为公有键私有值的存储方式，访问数据时都是通过键来访问值。从线程的角度来看，访问操作是使用这个公用的键来指代线程数据，从表面上看，对某个键取值就好像是对一个变量进行访问，其实不然，不同的线程中，相同的键代表的数据是不同的，不同的线程中同样名字的键实际指向的是不同的内存内容。

操作线程的私有数据主要涉及以下 4 个函数。

1）pthread_key_create 用于创建一个键，函数的参数为：第 1 个参数表示指向一个键值的指针，第 2 个参数指明了一个 destructor 函数，如果这个参数不为空，那么在每个线程结束时，系统都将调用这个函数来释放绑定在这个键上的内存块，该函数的声明方式如下所示：

```
int pthread_key_create(pthread_key_t *key, void (*destructor)(void*));
```

2）pthread_setspecific 用于在与键对应的位置中存储线程私有数据，函数的参数为：第 1 个参数 key 为键，第 2 个参数 value 为指针，指针指向存储值的内存地址，该函数的声明方式如下所示：

```
int pthread_setspecific(pthread_key_t key, const void *value);
```

3）pthread_getspecific 用于从键中读取线程私有数据，函数的唯一参数 key 为键，返回指向值的指针，该函数的声明方式如下所示：

```
void *pthread_getspecific(pthread_key_t key);
```

4）pthread_key_delete 用于删除键，函数注销线程私有数据时，该函数不会检查当前是否有线程正在使用该 TSD，也不会调用清理函数，而只是将私有数据释放以供下一次调用 pthread_key_create() 使用，该函数的声明方式如下所示：

```
int pthread_key_delete(pthread_key_t key);
```

使用线程私有数据的过程通常为：首先创建 pthread_key_t 类型的变量，然后调用 pthread_key_create 函数创建键，最后通过 pthread_setspecific 函数存储值以及通过 pthread_getspecific 函数取出值。

程序 7-9 创建了 pthreada 与 pthreadb 共 2 个线程，每个线程均拥有私有数据，以 datakey 为键进行访问，通过 malloc 函数在堆中申请内存存储私有数据，通过 pthread_setspecific 与 pthread_getspecific 函数存取数据。同时，为保证线程退出后能够及时释放存储值占有的内存，并且不造成内存泄漏，程序在调用 pthread_key_create 函数创建键时，指定 cleanup_mydata 为线程专用数据清理函数。程序 7-9 的代码如下：

程序 7-9　线程私有数据

```
#include <pthread.h>
#include <stdio.h>
struct mydata{
        int x;
        char c[4];
};
pthread_t pthreada,pthreadb;
pthread_key_t datakey;// 每个进程创建一次，不同的线程，同样名字的键指向不同的地方
void *cleanup_mydata(void *dataptr){// 删除键时调用
    free((struct mydata*)dataptr);
}
void anum1(){
    int rc;
    struct  mydata *mdata=(struct mydata*)malloc(sizeof(struct mydata));
    mdata->x=1;
    mdata->c[0]='a';
    mdata->c[1]='\0';
```

```
        rc=pthread_setspecific(datakey,(void*)mdata);// 设置键指向的值 , 注意这个 mdata 为值
的内存 , 必须使用指针的方式指向内存
        sleep(1);
        struct  mydata *mmdata=(struct mydata*)pthread_getspecific(datakey);// 取出键
指向的值 , 注意这个 mdata 为值的内存 , 必须使用指针的方式指向内存
        printf("-%d-%s\n",mmdata->x,mmdata->c);
        fflush(stdout);
    }
    void bnum2(){
        int rc;
        struct  mydata *mdata=(struct mydata*)malloc(sizeof(struct mydata));
        mdata->x=2;
        mdata->c[0]='b';
        mdata->c[1]='\0';
        rc=pthread_setspecific(datakey,(void*)mdata);// 设置键指向的值 , 注意这里的 mdata 为
值的内存 , 必须使用指针的方式指向内存
        sleep(1);
        struct  mydata *mmdata=(struct mydata*)pthread_getspecific(datakey);// 取出键
指向的值 , 注意这里的 mdata 为值的内存 , 必须使用指针的方式指向内存
        printf("-%d-%s\n",mmdata->x,mmdata->c);
        fflush(stdout);
    }
    int main(void){
        int rc;
        rc=pthread_key_create(&datakey,cleanup_mydata);// 删除键时的清理函数
        pthread_create(&pthreada,NULL,anum1,NULL);
        pthread_create(&pthreadb,NULL,bnum2,NULL);
        sleep(3);
        pthread_join(pthreada,NULL);
        pthread_join(pthreadb,NULL);
        rc=pthread_key_delete(datakey); // 仅删除键 , 但不删除值所指向的内存 , 线程终止调用用户
自定义的删除函数 , 本例中为 cleanup_mydata
    }
```

观察程序 7-9，pthreada 负责执行 anum1 函数，pthreadb 负责执行 anum2 函数，2 个线程在键中存放了 mydata 结构变量的值，设置该变量的成员，并调用 sleep 函数让出 CPU 的执行权后，再读取该变量的成员并输出在屏幕中。编译并运行程序 7-9，观察如下运行结果可以发现，虽然线程都是通过 pthread_getspecific 函数从健 datakey 中读取值，但值的内容却不相同。

```
$gcc -std=c99 -o mytest 7-9.c -lpthread
$ ./mytest
-2-b
-1-a
```

7.1.8　消息队列

首先，来看一个概念——消息队列，一个或多个进程可向消息队列写入消息，而一个

或多个进程可从消息队列中读取消息，Linux 中的消息被描述成是内核地址空间中的一个内部链表，每一个消息队列由一个 IPC（Inter-Process Communication，进程间通信）的标识号唯一地标识，Linux 为系统中所有的消息队列维护一个 msgque 链表，每个消息队列都在系统范围内对应唯一的键值，要想获得一个消息队列的描述字，只需要提供该消息队列的键值即可。

传递给队列的消息的数据类型是其结构如下，在 Linux 的系统库 linux/msg.h 中，它的定义如下：

```
/* message buffer for msgsnd and msgrcv calls */
struct msgbuf {
long mtype; /* type of message */
char mtext[1]; /* message text */
};
```

上述结构可以将不同类型的数据组合成一个整体，在上述结构中，mtype 成员代表消息类型，从消息队列中读取消息的一个重要依据就是消息的类型；mtext 是消息的内容。

msgbuf 结构的精妙之处在于，mtext 在结构中虽然被声明为大小为 1 的字符，但消息内容的实际长度可以由程序员任意定制，定制的关键在于 malloc 函数的使用技巧：Linux 编程在进行结构变量的内存分配时，经常会将最后一个成员的长度设置为 1，这样做的目的在于可用来动态申请不同大小的缓冲区，该大小不受结构变量长度的限制。例如，如下代码申请了大于 msgbuf 结构长度的内存块，其中 mtext 成员直接指向了长度为 501 的字符缓冲区首地址：

```
msg=(struct msgbuf*)malloc(sizeof(struct msgbuf)+500);
```

 提示 malloc 函数用于动态内存分配，分配到的内存块需要通过 free 函数释放，否则会造成内存泄漏。

使用消息队列主要会涉及以下函数。

1）msgget 函数，用于获取与某个键相关联的消息队列标识。函数的第一个参数是消息队列对象的关键字（key），函数将它与已有的消息队列对象的关键字进行比较来判断消息队列对象是否已经创建；函数进行的具体操作是由第二个参数 msgflg 控制的。它可取值为：IPC_CREAT（如果消息队列对象不存在，则创建之，否则进行打开操作）、IPC_EXCL 和 IPC_CREAT 用"|"连接使用（如果消息对象不存在，则创建之，否则产生一个错误并返回）。函数声明如下：

```
int msgget(key_t key, int msgflg);
```

2）msgsnd 函数，将一个新的消息写入队列，调用进程对消息队列进行写入时必须要有写权能。函数声明如下：

```
int msgsnd(int msqid, const void *msgp, size_t msgsz, int msgflg);
```

3）msgrcv 函数，可以从消息队列中读取消息。函数声明如下：

```
ssize_t msgrcv(int msqid, void *msgp, size_t msgsz, long msgtyp, int msgflg);
```

程序 7-10 演示了通过公共消息队列发送消息，而程序 7-11 演示了通过公共消息队列接收消息。代码分别如下：

程序 7-10 发送消息

```c
#define _GNU_SOURCE
#include <stdio.h>
#include <sys/ipc.h>
#include <sys/msg.h>
#include <sys/types.h>
#define QUE_ID 2

// 使用公共消息队列，读写进程可以不同时运行
int main(void){
    int queue_id;
    struct msgbuf *msg;
    int rc;

    // 建立消息队列
    queue_id=msgget(QUE_ID,IPC_CREAT|0600);//QUE_ID 为一个正整数，公共消息队列的 ID
    if (queue_id==-1){
        perror("create queue error!\n");
        exit(1);
    }
    printf("message %d queue created!\n",queue_id);
    // 创建发送消息结构
    printf("message send....\n");
     msg=(struct msgbuf*)malloc(sizeof(struct msgbuf)+100);//100 为消息的长度，
msgbuf 结构只有 2 个成员，一个成员是 mytpe，另一个成员是一个字节的 mtext，在结构后分配更多的时间以存
放消息字符串
    msg->mtype=1;// 消息类型，正整数
    strcpy(msg->mtext,"hello,world");
    // 发送消息
    rc=msgsnd(queue_id,msg,100,0);
    // 最后一个参数可以是 0 与随后这些值（或者就是 0）:IPC_NOWAIT，如果有消息类型则立即返回，函
数调用失败
    //MSG_EXCEPT，当消息类型大于 0 时，读取与消息类型不同的第一条消息
    //MSG_NOERROR，如果消息长度大于 100 字节则被截掉
    if (rc==-1){
        perror("msgsnd error\n");
        exit(1);
    }
    free(msg);// 发送完毕，释放内存
    printf("message sended!\n");
    return 0;
}
```

程序 7-11　接收消息

```c
#define _GNU_SOURCE
#include <stdio.h>
#include <sys/ipc.h>
#include <sys/msg.h>
#include <sys/types.h>
#define QUE_ID 2

// 使用公共消息队列，读写进程可以不同时运行
int main(void){
    int queue_id;
    struct msgbuf *msg;
    int rc;

    // 取得消息队列
    queue_id=msgget(QUE_ID,0);//QUE_ID 为一个正整数，公共消息队列的 ID


    if (queue_id==-1){
        perror("get queue error!\n");
        exit(1);
    }

    printf("message recv....\n");
    msg=(struct msgbuf*)malloc(sizeof(struct msgbuf)+100);
    rc=msgrcv(queue_id,msg,101,0,0);
    if (rc==-1){
        perror("recv orror\n");
        exit(1);
    }
    printf("recv:%s\n",msg->mtext);

    return 0;
}
```

程序 7-10 首先使用 msgget 函数建立消息队列，然后 malloc 函数申请消息缓冲区，最后通过 msgsnd 函数向消息队列中发送消息。程序 7-11 首先使用 msgget 函数取得消息队列，然后 malloc 函数申请消息缓冲区，最后通过 msgrcv 函数从消息队列中接收消息。编译并运行程序 7-10 以及程序 7-11，程序 7-10 向消息队列发送"hello，world"消息，程序 7-11 接收该消息后显示在屏幕中，整个过程及结果如下：

```
# gcc -std=c99 -o mytestsend 7-10.c -lpthread
# gcc -std=c99 -o mytestrcv 7-11.c -lpthread
# ./mytestsend
message 0 queue created!
message send....
message sended!
# ./mytestrcv
```

```
message recv....
recv:hello,world
```

7.2　C网络基础

7.2.1　TCP基础

传输控制协议（Transmission Control Protocol，TCP）是一种面向连接的、可靠的、基于字节流的传输层通信协议，由IETF的RFC 793定义。在简化的计算机网络OSI模型中，TCP用于完成第四层传输层所指定的功能，用户数据报协议（UDP）是同一层内另一个重要的传输协议。在因特网协议族（Internet protocol suite）中，TCP层是位于IP层之上，应用层之下的中间层。不同主机的应用层之间经常需要可靠的、像管道一样的连接，但是IP层不提供这样的流机制，而是提供不可靠的包交换。

首先，应用层向TCP层发送用于网间传输的、用8位字节表示的数据流，TCP将数据流分区成适当长度的报文段（通常会受到与该计算机连接的网络的数据链路层的最大传输单元（MTU）的限制）。然后，TCP将结果包传递给IP层，由它来通过网络将包传送给接收端实体的TCP层。TCP为了保证不发生丢包问题，就为每个包提供一个序号，同时序号也能保证传送到接收端实体的包的按序接收。最后接收端实体对已经成功收到的包发回一个相应的确认（ACK）；如果发送端实体在合理的往返时延（RTT）内未收到确认，那么对应的数据包就会假设为已丢失从而进行重传。

TCP连接包括以下三种状态。

1）连接创建状态。TCP使用三路握手过程创建一个连接。在连接创建的过程中，很多参数都需要初始化，例如，序号需要初始化以保证按序传输和连接的强壮性。连接的具体方式通常是：由一端打开一个套接字（socket），然后监听来自另一方的连接，这就是通常所指的服务器端被动打开，这样客户端就能开始创建主动打开（active open）。

2）数据传送状态。在TCP的数据传送状态中，有很多重要的机制保证了TCP的可靠性和强壮性。它们包括：使用序号，对收到的TCP报文段进行排序以及检测重复的数据；使用校验和来检测报文段的错误；使用确认和计时器来检测和纠正丢包或延时。

3）连接终止状态。连接终止使用了四路握手过程（four-way handshake），在这个过程中每个终端的连接都能被独立地终止。

7.2.2　TCP编程基础

1. 端口号

TCP使用了端口号（port number）的概念来标识发送方和接收方的应用层。对于每个TCP连接的一端都有一个相关的16位的无符号端口号分配给它们，端口被分为三类：众所周知的、注册的和动态 / 私有的。端口号主要包含如下儿类。

❑ 0-1023：预留端口，超级用户使用。

❑ 1024-49151：已经注册的端口号。

❑ 49152-65535：可自由使用的端口或动态端口。

2. 套接字类型

多个 TCP 连接或多个应用程序进程可能需要通过同一个 TCP 端口传输数据。为了区别不同的应用程序进程和连接，许多计算机操作系统为应用程序与 TCP/IP 交互提供了称为套接字 Socket 的接口。常用的 TCP/IP 包含如下 3 种套接字类型。

1）流套接字（SOCK_STREAM）。流套接字用于提供面向连接的、可靠的数据传输服务。该服务将保证数据能够实现无差错、无重复发送，并按顺序接收。流套接字之所以能够实现可靠的数据服务，原因在于其使用了传输控制协议，即 TCP（The Transmission Control Protocol）。

2）数据报套接字（SOCK_DGRAM）。数据报套接字提供了一种无连接的服务。该服务并不能保证数据传输的可靠性，数据有可能在传输过程中丢失或出现数据重复，且无法保证顺序地接收到数据。数据报套接字使用 UDP（User Datagram Protocol）进行数据的传输。由于数据报套接字不能保证数据传输的可靠性，对于有可能出现的数据丢失情况，需要在程序中进行相应的处理。

3）原始套接字（SOCK_RAW）。原始套接字与标准套接字（标准套接字指的是前面介绍的流套接字和数据报套接字）的区别在于：原始套接字可以读写内核没有处理的 IP 数据包，而流套接字只能读取 TCP 的数据，数据报套接字只能读取 UDP 的数据。因此，如果要访问其他协议发送的数据必须使用原始套接字。

3. 套接字使用

（1）建立套接字

使用 socket() 函数可以建立套接字，并获得套接字描述符，函数声明如下：

```
int socket(int domain,int type,int protocol);
```

其中，第 1 个参数 domain 设置为 " AF_INET"；第 2 个参数是套接字的类型 SOCK_STREAM 或 SOCK_DGRAM；第 3 个参数设置为 0。调用 socket 返回套接字描述符，如果出错，则返回 −1。

（2）绑定端口

bind 函数用于完成绑定端口的功能，有了套接字之后，需要把套接字绑定到本地计算机的某一个端口上，函数声明如下：

```
int bind(int sockfd,struct sockaddr*my_addr,int addrlen);
```

其中，第 1 个参数 sockfd 是由 socket() 调用返回的套接字文件描述符；第 2 个参数

my_addr 是指向数据结构 sockaddr 的指针，数据结构 sockaddr 中包括了关于你的地址、端口和 IP 地址的信息；第 3 个参数 addrlen 通常设置成 sizeof(struct sockaddr)。

（3）套接字绑定

bind 函数用于将套接字绑定到一个已知的地址上。函数声明如下：

```
int bind(SOCKET socket, const struct sockaddr *address,socklen_t address_len);
```

函数的第 1 个参数 socke 是需要绑定的套接字，第 2 个参数 address 是一个 sockaddr 结构的指针，该结构中包含了需要绑定的地址和端口号，第 3 个参数 address_len 指定了 address 缓冲区的长度。

（4）与指定外部端口的连接

connect 函数用于创建与指定外部端口的连接，函数声明如下：

```
int connect (int sockfd,struct sockaddr * serv_addr,int addrlen);
```

connect 函数用来将参数 sockfd（套接字文件描述符）的 socket 连至参数 serv_addr 指向的数据结构 sockaddr，参数 addrlen 为 sockaddr 的结构长度，如果套接字未受 bind 函数绑定，则系统将赋给本地连接一个唯一的值，且设置套接字为已绑定。

（5）监听链接

listen 函数可将进程变成一个服务器，指定被连接的套接字，使进程可以接受网络客户端进程的请求，从而成为一个服务器进程。等待客户端的连接请求，并处理它们，监听链接的过程一般为首先调用 listen()，然后再调用 accept() 来实现。函数声明如下：

```
intl listen(int sockfd,int backlog);
```

函数的第 1 个参数是系统调用 socket() 返回的套接字文件描述符，第 2 个参数是进入队列中允许的连接的个数，是队列中最多可以拥有的请求的个数，这些队列中的连接将由 accept 函数应答处理。

使用 select 函数可以设置非阻塞工作方式，进程或线程执行等到事件发生后再返回，若事件没有发生则返回一个代码来告知事件未发生，调用者继续执行，函数的声明如下：

```
int select (int maxfd,fd_set *readset,fd_set *writeset,fd_set *exceptset,const struct timeval * timeout);
```

第 1 个参数 maxfdp 表示所有文件描述符的范围；第 2 个参数 readset 指向 fd_set 结构的指针，以监视文件是否可读，如果有文件可读，那么 select 就会返回一个大于 0 的值；第 3 个参数 writeset 是指向 fd_set 结构的指针，监视文件是否可写，如果有文件可写，那么 select 就会返回一个大于 0 的值；第 4 个参数 exceptset 用于监视文件错误异常；第 5 个参数 timeout 用于设置等待事件的超时时间。

（6）接收客户机的连接请求

处于监听状态（调用 listen 函数后）的服务器在获得客户机的连接请求之后，会将请求放置在等待队列中，空闲时，可使用 accept 函数接受客户机的连接请求。accept 将从连接请求队列中获得连接信息，创建新的套接字，并返回该套接字描述符，函数声明如下：

```
int accept(int sockfd, struct sockaddr *addr, socklen_t *addrlen);
```

函数的 sockfd 参数为监听的套接字，addr 参数为指向结构体 sockaddr 的指针。参数 addrlen 为 addr 参数指向的内存空间的长度，函数执行成功后返回新的套接字文件描述符，若失败则返回 −1。

（7）经套接字发送与接收消息

在套接字已经连接的前提下，send 函数将数据由指定的套接字传给对方主机，但由于网络拓扑的复杂性和对方网络状态的不确定性，即使 send 成功返回，也仅能说明数据已经无错误地发送到网络上。函数声明如下：

```
ssize_t send (int s,const void *msg,size_t len,int flags);
```

第 1 个参数指定发送端套接字描述符，第 2 个参数指明一个存放应用程式要发送数据的缓冲区，第 3 个参数指明实际要发送的数据的字节数，第 4 个参数一般设置为 0。成功调用 send 将返回实际发送的字节数，但有可能比实际想要发送的字节数少，在这种情况下，必须在接下来的通信中将剩下的数据发送完毕。

recv 函数用于从套接字中接收数据，与使用 send 类似，recv 适合用于已连接的套接字进行数据的接收，函数声明如下：

```
int  recv(int sockfd,void* buf,int len,unsigned int flags);
```

第 1 个参数是要读取的套接字文件描述符，第 2 个参数是保存读入信息的地址，第 3 个参数是缓冲区的最大长度，第 4 个参数设置为 0。recv 函数返回实际读取到的缓冲区的字节数，如果出错则返回 −1。

7.2.3 TCP 编程示例

1. 服务器端

首先，服务器端程序定义了 readn 函数，该函数负责读取字符串，并返回成功读取的长度，该函数的读取策略是：调用 read 函数从文件描述符句柄（套接字对象也属于文件描述符句柄）中，反复读取字符，直到读取到字符串结尾标志为止。然后，程序定义了 writen 函数，该函数负责写入字符串，其调用 write 函数向文件描述符句柄（套接字对象也属于文件描述符句柄）中反复写入字符，直到所有字符全部写入完成。最后，程序定义了 main 主函数，主函数依次执行以下操作。

1）调用 socket 函数以 SOCK_STREAM(字节流套接字，面向连接可靠的全双工字节流) 为参数建立套接字。

2）调用 bind 函数绑定套接字。

3）调用 listen 函数，指定最多接收 32 个连接，建立套接字队列开始监听。

4）建立 while 循环，读取数据。具体来说可以细分为以下几步。

a）使用 select 函数设置非阻塞工作方式。

b）使用 FD_ISSET 检查在 select 函数返回后，某个描述符是否已经准备好，以便进行下一步操作。

c）准备好描述符后，调用 accept 函数获得客户机的连接请求后，将请求放置在等待队列中。

d）通过 fork 函数创建子进程，处理每个客户的连接。

e）在子进程中，使用 readn 从连接句柄读取数据，使用 writen 向连接句柄写入数据"hello"；在父进程中关闭由父进程控制的 client_sockfd 资源（调用 accept 函数返回的连接请求资源）。

2. 客户端

首先，客户端程序定义了 readn 函数与 writen 函数，readn 函数负责读取字符串，writen 函数负责写入字符串，功能及内容与服务器端相同。其次，程序定义了 main 主函数，主函数依次执行以下操作。

1）调用 socket 函数以 SOCK_STREAM(字节流套接字，面向连接可靠的全双工字节流) 为参数建立套接字。

2）调用 connect 函数连接服务器端。

3）使用 readn 从连接句柄读取数据，使用 writen 向连接句柄写入数据"myhaspl"。

3. 程序

程序 7-12 服务器端

```
#include <stdio.h>
#include <errno.h>
#include <sys/types.h>
#include <sys/socket.h>
#include <netinet/in.h>
#include <sys/select.h>
// 服务器 myhaspl
ssize_t readn(int fd,void *ptr,size_t maxcn){// 读取 n 个字符 ,maxc 为读取的数目
    size_t noreadcn,readcn;
    char *buf=ptr;

    noreadcn=maxcn;
    while(noreadcn>0){
        if ( (readcn=read(fd,buf,noreadcn))<0){// 读取数据

            if (errno==EINTR) {// 读取数据之前, 操作被信号中断
                perror(" 中断错误 ");
                readcn=0;
            }
```

```
            else {return -1;}// 无法修复错误，返回读取失败信息
        }
        else if(readcn==0) break;//EOF


        noreadcn-=readcn;// 读取成功，但是如果读取的字符数小于 maxc，则继续读，因为数据可能还
会继续通过网络传送过来
        buf+=readcn;
        if (*buf==0) break;// 如果读到字符串结尾标志则退出，必须要有这句，否则会进入死循环
    }


    return (maxcn-noreadcn);
}

ssize_t  writen(int fd,void *ptr,size_t maxcn){// 写入 n 个字符
    size_t nowritecn,writecn;
    char *buf=ptr;

    nowritecn=maxcn;
    while(nowritecn>0){
        if((writecn=write(fd,buf,nowritecn))<=0){// 写数据

            if (errno==EINTR) {// 写数据之前，操作被信号中断
                perror(" 中断错误 ");
                writecn=0;
            }
            else {return -1;}// 无法修复错误，返回读取失败信息
        }


        nowritecn-=writecn;
        buf+=writecn;


    }

    return (maxcn-nowritecn);
}

int main(void){
    int fd;
    int addresslen;
    struct sockaddr_in address;// 地址信息结构
    int pid;
    int rc;
    fd_set fdset;



    // 建立 socket
    fd=socket(AF_INET,SOCK_STREAM,0);//fd 为 socket
```

```
        if (fd==-1){// 错误，类型从 errno 获得
                perror("error");//perror 先输出参数，后跟 " : " 加空格，然后是与 errno 值对应的错误
信息 ( 不是错误代码 )，最后是一个换行符
        }

        //bind 到 socket fd
        address.sin_family=AF_INET;//IPV4 协议 ,AF_INET6 是 IPV6
          address.sin_addr.s_addr=htonl(INADDR_ANY);//l 表示 32 位，htonl 能够保证在不同 CPU
中的相同字节序
        address.sin_port=htons(1253);// 端口号，s 表示 16 位
        addresslen=sizeof(address);


        bind(fd,(struct sockaddr *)&address,addresslen);//bind

            // 建立 socket 队列，指定最大可接受的连接数
            rc=listen(fd,32);// 最多接收 32 个连接，开始监听
            //int listen(int sockfd, int backlog) 返回: 0——成功, -1——失败
             // 内核会在自己的进程空间里维护一个队列，以跟踪这些完成但服务器进程还没有接手处理或
者正在进行的连接
            if (rc==-1) {
                perror("listen error");// 监听失败
                exit(1);
            }
            printf("server wait....\n");
            while(1){

                struct sockaddr_in clientaddress;
                int address_len;
                int client_sockfd;
                char mybuf[100];
                char *buf="hello\n";
                struct timeval timeout;// 超时结构体
                // 超时为 2 秒
                timeout.tv_sec=1;
                timeout.tv_usec=0;
                // 设置 fdset
                FD_ZERO(&fdset);// 清除 fdset
                FD_CLR(fd,&fdset);// 清除 fd 的标志
                FD_SET(fd,&fdset);// 设置标志
                //select
                if ((select(fd+1,&fdset,NULL,NULL,&timeout))<0){
                    perror("select error");
                    fflush(stdout);
                }
                // 等待连接，使用新的进程或线程来处理连接
                fflush(stdout);
                address_len=sizeof(clientaddress);
                if(FD_ISSET(fd,&fdset)){
                    // 如果有连接到来
                    client_sockfd=accept(fd,(struct sockaddr *)&clientaddress,
&address_len); //client_sockfd 可理解为一个文件句柄，能用 read 和 write 操作。client_address
```

是客户端信息结构 myhaspl

```
                //fork 进程用于处理每个客户的连接
                    pid=fork();
                if (pid<0){// 错误
                    printf("error:%s\n",strerror(errno));//strerror 将 errno 映射为
一个错误信息串 myhaspl

                    close(client_sockfd);
                    exit(1);
                }

                    if (pid==0){ // 子进程处理每个客户端的数据
                        close(fd);// 子进程关闭不需要它处理的监听资源

                        // 读取数据 myhaspl
                        bzero(mybuf,100);
                        readn(client_sockfd,(void *)mybuf,100);
                        printf("\nserver read :%s",mybuf);
                        // 发送数据
                        writen(client_sockfd,(void *)buf,strlen(buf)+1);
                         printf("\nserver send :%s",buf);
                         close(client_sockfd);
                         exit(0);
                    }
                     else {// 父进程
                            close(client_sockfd);// 父进程不处理客户端连接，因此关闭，但
这并不意味着要关闭子进程的处理句柄，因为子进程继承了父进程的 client_sockfd 资源
                    }
                }else{
                        printf(".");
                        fflush(stdout);
                }
            }
    }
```

程序 7-13 客户端

```c
#include <stdio.h>
#include <errno.h>
#include <sys/types.h>
#include <sys/socket.h>
#include <netinet/in.h>
//myhaspl
ssize_t readn(int fd,void *ptr,size_t maxcn){// 读取 n 个字符 ,maxc 为读取的数目
    size_t noreadcn,readcn;
    char *buf=ptr;


    noreadcn=maxcn;
    while(noreadcn>0){
        if ( (readcn=read(fd,buf,noreadcn))<0){// 读数据
```

```
                if (errno==EINTR) {// 数据读取前，操作被信号中断 myhaspl
                    perror(" 中断错误 ");
                    readcn=0;
                }
                else {return -1;}// 无法修复错误，返回读取失败
            }
            else if(readcn==0) break;//EOF myhaspl

            noreadcn-=readcn;// 读取成功，但是如果读取的字符数小于 maxc，则继续读，因为数据可能还
会通过网络继续发送过来
            buf+=readcn;
             if (*buf==0) break;       // 如果读到字符串结尾标志则退出，必须要有这句，否则会进入死
循环  myhaspl
            }

        return (maxcn-noreadcn);
    }

    ssize_t writen(int fd,void *ptr,size_t maxcn){// 写入 n 个字符
        size_t nowritecn,writecn;
        char *buf=ptr;

        nowritecn=maxcn;
        while(nowritecn>0){
            if((writecn=write(fd,buf,nowritecn))<=0){// 写数据
                if (errno==EINTR) {// 写数据之前，操作被信号中断
                    perror(" 中断错误 ");
                    writecn=0;
                }
                else {return -1;}// 无法修复错误，返回读取失败
            }
          nowritecn-=writecn;
           buf+=writecn;
          }
           return (maxcn-nowritecn);
    }
    int main(void){
        int fd;
        int addresslen;
        struct sockaddr_in address;// 地址信息结构 myhaspl
        int pid;
        char mybuf[100];
        char *buf="myhaspl\n";
        int rc;

        fd=socket(AF_INET,SOCK_STREAM,0);// 建立 socket
        if (fd==-1){// 错误，类型从 errno 中获得
            perror("error");//perror 首先输出参数，后跟 " :"加空格，然后是 errno 值对应的错误
信息 ( 不是错误代码 )，最后是一个换行符。       myhaspl
        }
         printf("client send....\n");
        fflush(stdout);
```

```
// 连接
address.sin_family=AF_INET;//IPV4 协议,AF_INET6 是 IPV6 myhaspl
  address.sin_addr.s_addr=inet_addr("127.0.0.1");//l 表示 32 位, htonl 能够保证在不
同 CPU 中的相同字节序
address.sin_port=htons(1253);// 端口号, s 表示 16 位 myhaspl
addresslen=sizeof(address);
rc=connect(fd,(struct sockaddr *)&address,addresslen);// 连接服务器 myhaspl
if (rc==-1){//rc=0 成功, rc=-1 失败 myhaspl
  perror(" 连接错误 ");
  exit(1);
}
// 发送数据
writen(fd,(void *)buf,strlen(buf)+1);
printf("client send :%s\n",buf);
// 读取数据
bzero(mybuf,100);
readn(fd,(void *)mybuf,100);
printf("client read :%s\n",mybuf);
close(fd);
exit(0);
}
```

编译并运行程序 7-12（服务器端）与程序 7-13（客户端）。服务器端接收客户端发送的文本"myhaspl"后，回复客户端"hello"；客户端向服务器发送消息"myhaspl"，并接收到服务器端的回应"hello"。编译及运行结果如下所示：

```
$ gcc -std=c99 -o myserv  7-12.c -lpthread
$ gcc -std=c99 -o myclient  7-13.c -lpthread
$ ./myserv&
server read :myhaspl
server send :hello
$ ./myclient
client send....
client send :myhaspl
client read :hello
```

7.3 小结

并行计算是指利用多个处理器来协同求解同一问题，多进程、多线程计算以及 TCP 编程都是并行计算的基石。本章首先讲解了 C 语言的多进程以及多线程开发技术，单个 C 程序同时运行多个进程以及线程来完成不同的工作，可提升整体的处理性能，进入并行运算状态，其中多进程具有每个进程互相独立、增加 CPU 可扩充性能、减少线程加解锁影响等特点，而多线程具有无须跨进程边界、程序逻辑和控制方式简单、可以直接共享内存和变量、消耗资源比进程少的特点。然后本章还讲解了语言网络编程基础，重点讲解了 TCP 数据传输以及套接字接口编程的相关内容。

推 荐 阅 读

Effective系列

推荐阅读